高等职业教育建设工程管理类专业系列教材

GAODENG ZHIYE JIAOYU JIANSHE GONGCHENG GUANLILEI ZHUANYE XILIE JIAOCAI

GONGCHENG ZAOJIA JIJIA YU KONGZHI

工程造价计价与控制

主编/王 颖 刘 伟 朱 进

重庆大学出版社

内容提要

本书共 5 个模块,主要内容包括建设工程造价构成、建设项目财务评价、设计阶段造价计价控制、招投标阶段造价计价控制、施工阶段造价计价控制。本书内容全面,通俗易懂,案例丰富,通过学习,能为今后从事工程造价确定与控制的理论研究和实践工作奠定基础。

本书可作为高职高专工程造价、工程管理等相关专业的教学用书,也可作为工程造价技术人员的培训教材。

图书在版编目(CIP)数据

工程造价计价与控制 / 王颖,刘伟,朱进主编. --
重庆:重庆大学出版社,2023.2(2023.8 重印)
高等职业教育建设工程管理类专业系列教材
ISBN 978-7-5689-3741-2

Ⅰ.①工… Ⅱ.①王… ②刘… ③朱… Ⅲ.①建筑造
价管理—高等职业教育—教材 Ⅳ.①TU723.3

中国国家版本馆 CIP 数据核字(2023)第 011212 号

高等职业教育建设工程管理类专业系列教材
工程造价计价与控制
主 编 王 颖 刘 伟 朱 进
策划编辑:刘颖果
责任编辑:刘颖果　　版式设计:刘颖果
责任校对:刘志刚　　责任印制:赵 晟

*

重庆大学出版社出版发行
出版人:陈晓阳
社址:重庆市沙坪坝区大学城西路 21 号
邮编:401331
电话:(023)88617190　88617185(中小学)
传真:(023)88617186　88617166
网址:http://www.cqup.com.cn
邮箱:fxk@ cqup.com.cn(营销中心)
全国新华书店经销
重庆紫石东南印务有限公司印刷

*

开本:787mm×1092mm　1/16　印张:9.25　字数:232 千
2023 年 2 月第 1 版　　2023 年 8 月第 2 次印刷
印数:2 001—5 000
ISBN 978-7-5689-3741-2　定价:29.00 元

前　言

　　工程造价计价与控制是工程造价、工程管理专业的一门专业必修课程,包含了学生前期所学的工程经济、建筑工程计量与计价、施工组织与进度控制、工程招投标与合同管理等主干课程的主要知识和基本原理。

　　工程造价计价与控制是一门理论性、实践性及综合性极强的课程。目的是让学生熟悉工程造价全过程动态确定与控制(即计价)的基本原理和方法;掌握工、料、机消耗量定额的测定及单位估价表(即计价表)的编制与应用;掌握招标控制价、投标报价的确定原理,使学生具备独立进行工程造价确定与控制的能力,为今后从事工程造价确定与控制的理论研究和实践工作奠定基础。

　　本书共5个模块,主要内容包括建设工程造价构成、建设项目财务评价、设计阶段造价计价控制、招投标阶段造价计价控制、施工阶段造价计价控制。

　　本书由王颖、饶婕、朱进担任主编,具体编写分工如下:王颖编写模块1、模块4;刘伟编写模块5;朱进编写模块2、模块3。

　　本书在编写过程中参考了一些书刊、文献,在此一并表示感谢。

　　在编写过程中虽经过反复推敲核证,但编者的专业水平和实践经验有限,如有不妥指出,敬请谅解,欢迎各位读者批评指正。

编　者

2022 年 10 月

目　录

模块 1
建设工程造价的构成

【学习目标】

- 掌握我国现行建设项目投资构成和工程造价构成；
- 掌握设备及工器具购置费用的构成和计算；
- 了解建筑安装工程费用的构成；
- 了解工程建设其他费用的构成；
- 了解预备费的种类。

【情景导入】

我国工程造价的渊源

古代：

中华民族是对工程造价认识最早的民族之一。据我国春秋战国时期的科学技术名著《考工记》中"匠人为沟洫"一节的记载，早在两千多年前我们的祖先就已经规定："凡修筑沟渠堤防，一定要先以匠人一天修筑的进度为参照，再以一里工程所需的匠人数和天数来预算这个工程的劳力，然后方可调配人力进行施工。"这是人类最早的工程造价预算、工程施工控制和工程造价控制方法的文字记录之一。

另据记载，我国唐代时期就已经有了夯筑城台的定额——"功"。北宋李诫所著的《营造法式》一书，汇集了北宋以前建筑造价管理技术的精华。书中的"料例"和"功限"，就是现在所说的"材料消耗定额"和"劳动力消耗定额"。这是人类采用定额进行工程造价管理最早的明文规定和文字记录之一。

改革开放前：

我国长期实行计划经济，基本建设领域也不例外，实行从苏联引进并消化吸收的工程概预算制度。其特点是：概预算编制的依据是"量价合一"的概算、预算定额。

工程建设领域是以技术为主导的模式,与国外早期的建筑师主导模式相似。概预算人员消极、被动地反映设计成果的经济价值。因此,当时的工程概预算人员专业地位不高,更谈不上实行专业人士制度。

改革开放后:

国家日益强调投资效益,尤其是 20 世纪 80 年代后期,基本建设体制发生重大变化,其中重要标志是:投资主体多元化,国家已不再是唯一的投资主体。大量乡镇企业和个体承包商队伍迅速崛起,使原来单一全民所有制的国家作为业主,国有施工企业作为承包商的格局被打破。业主和承包商利益对立局面的出现,客观上要求明确工程造价管理人员的中立、公正地位,以便双方都能接受。

80 年代中期,黑龙江省率先开展工程概预算人员持证上岗制度,而后各省、直辖市、自治区和国务院各工业部委纷纷效仿。

90 年代初,已初步建立条块分立、有限互认的全国工程概预算人员持证上岗制度,基本上认可了工程概预算人员的专业人士地位。

90 年代后,改革开放不断深入,由计划经济全面向社会主义市场经济过渡。原有的工程概预算人员从事概预算编制与审核工作的专业定位已不能满足新形势下工程项目管理对工程造价管理人员的要求。

【本章内容】

1.1　建设项目投资的构成

建设项目总投资是指投资主体为获取预期收益,在选定的建设项目上所需投入的全部资金。生产性建设项目总投资包括建设投资(含固定资产投资、无形资产投资、递延资产投资等)、建设期借款利息和铺底流动资金三部分。而非生产性建设项目总投资只有固定资产投资,不包括流动资产投资。

工程造价中的主要构成部分是建设投资。建设投资是为完成工程项目建设,在建设期内投入且形成现金流出的全部费用。根据《建设项目经济评价方法与参数(第三版)》(发改投资〔2006〕1325 号)的规定,建设投资包括工程费用、工程建设其他费用和预备费三部分。

工程费用是指建设期内直接用于工程建造、设备购置及其安装的建设投资,可以分为建筑安装工程费和设备及工器具购置费;工程建设其他费用是指建设期内发生的与土地使用权取得、整个工程项目建设以及未来生产经营有关的,构成建设投资但不包括在工程费用中的费用;预备费是指在建设期内为各种不可预见因素的变化而预留的可能增加的费用,包括基本预备费和价差预备费。建设项目总投资的具体构成内容如图 1.1 所示。

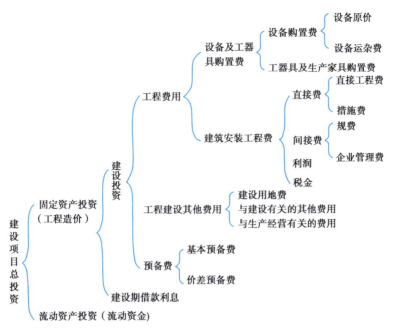

图 1.1　我国现行建设项目总投资的构成

1.2　设备及工器具购置费的构成和计算

1.2.1　设备购置费

设备购置费是指为建设工程项目购置或自制的达到固定资产标准的设备、工具、器具的费用。固定资产是指为生产商品、提供劳务、对外出租或经营管理而持有的,使用寿命超过一个会计年度的有形资产。新建项目和扩建项目的新建车间购置或自制的全部设备、工具、器具,无论是否达到固定资产标准,均计入设备及工器具购置费中。

$$设备购置费 = 设备原价或进口设备抵岸价 + 设备运杂费$$

式中,设备原价是指国产标准设备原价、国产非标准设备原价或进口设备原价;设备运杂费是指设备原价中未包括的采购运输、途中包装以及仓库保管等方面费用的总和。

1)设备原价

(1)国产设备原价

①国产标准设备原价。国产标准设备是指按照主管部门颁布的标准图纸和技术要求,由设备生产厂批量生产的符合国家质量检验标准的设备。国产标准设备原价一般有两种类型:带有备件的原价和不带有备件的原价。在计算时,通常按带有备件的出厂价计算。国产标准设备一般有完善的设备交易市场,可通过查询交易市场价格或者向设备生产厂家询价获得国产标准设备原价。

②国产非标准设备原价。国产非标准设备是指国家尚无定型标准,各设备生产厂不可能在工艺过程中采用批量生产,只能按一次订货,并根据具体的设计图纸制造的设备。非标

准设备原价有多种不同的计算方法,如成本计算估价法、系列设备插入估价法、分部组合估价法、定额估价法等。但无论采用哪种方法,都应该使非标准设备计价的准确度接近实际出厂价,并且计算方法要简便。单台非标准设备的原价由以下各项组成:

a. 材料费。其计算公式如下:
$$材料费=材料净重×(1+加工损耗系数)×每吨材料综合价$$

b. 加工费,包括生产工人工资和工资附加费、燃料动力费、设备折旧费、车间经费等。其计算公式如下:
$$加工费=设备总质量(t)×设备每吨加工费$$

c. 辅助材料费(简称"辅材费"),包括焊条、焊丝、氧气、氩气、氮气、油漆、电石等费用。其计算公式如下:
$$辅助材料费=设备总重量×辅助材料费指标$$

d. 专用工具费。按以上 a—c 项之和乘以一定百分比计算。

e. 废品损失费。按以上 a—d 项之和乘以一定百分比计算。

f. 外购配套件费。按设备设计图纸所列的外购配套件的名称、型号、规格、数量、质量,根据相应的价格加运杂费计算。

g. 包装费。按以上 a—f 项之和乘以一定百分比计算。

h. 利润。按以上 a—e 项加第 g 项之和乘以一定利润率计算。

i. 税金,主要指增值税。其计算公式为:
$$增值税=当期销项税额-进项税额$$
$$当期销项税额=销售额×适用增值税率(\%)$$
式中,销售额为 a—h 项之和。

j. 非标准设备设计费。按国家规定的设计费收费标准计算。

综上所述,单台非标准设备原价可用以下公式计算:
$$单台非标准设备原价=\{[(材料费+加工费+辅助材料费)×(1+专用工具费率)×(1+废品损失费率)+外购配套件费]×(1+包装费率)-外购配套件费\}×(1+利润率)+销项税额+非标准设备设计费+外购配套件费$$

(2)进口设备原价

进口设备原价又称抵岸价,计算公式如下:
$$进口设备原价=货价+国际运费+国外运输保险费+银行财务费+外贸手续费+进口关税+消费税+增值税+车辆购置税$$

①货价。货价一般是指装运港船上交货价(FOB),即
$$货价=离岸价(FOB)$$

②国际运费。国际运费即从装运港到达我国目的港的运费。我国进口设备大部分采用海洋运输方式,小部分采用铁路运输方式,个别采用航空运输方式。其计算公式为:
$$国际运费=离岸价(FOB)×运费率$$
$$国际运费=单位运价×运量$$
式中,运费率或单位运价参照有关部门或进出口公司的规定确定。

③国外运输保险费。对外贸易货物运输保险是由保险人(保险公司)与被保险人(出口

人或进口人)订立保险契约,在被保险人交付议定的保险费后,保险人根据保险契约的规定对货物在运输过程中发生的在承保责任范围内的损失给予经济上的补偿。其计算公式为:

$$国外运输保险费 = \frac{离岸价(FOB) + 国际运费}{1 - 保险费率} \times 保险费率$$

④银行财务费。银行财务费一般是指在国际贸易结算中,中国银行为进出口商提供金融结算服务收取的费用。其计算公式为:

$$银行财务费 = 离岸价(FOB) \times 银行财务费率$$

⑤外贸手续费。外贸手续费是指按规定的外贸手续费率计取的费用。外贸手续费率一般取 1.5%。其计算公式为:

$$外贸手续费 = 到岸价(CIF) \times 外贸手续费率$$

$$到岸价(CIF) = 离岸价(FOB) + 国际运费 + 国外运输保险费$$

⑥进口关税。进口关税是指由海关对进出国境的货物和物品征收的一种税。其计算公式为:

$$进口关税 = 到岸价(CIF) \times 关税税率$$

⑦消费税。消费税对部分进口产品(如汽车等)征收。其计算公式为:

$$消费税 = \frac{到岸价(CIF) + 进口关税}{1 - 消费税税率} \times 消费税税率$$

⑧增值税。增值税是我国政府对从事进口贸易的单位和个人,在进口商品报关进口后征收的税种。我国增值税条例规定,进口应税产品均按组成计税价格,依税率直接计算应纳税额,不扣除任何项目的金额或已纳税额,即

$$进口产品增值税额 = (到岸价 + 进口关税 + 消费税) \times 增值税税率$$

其中,增值税基本税率为 17%。

⑨车辆购置税。其计算公式如下:

$$车辆购置税 = (到岸价 + 消费税 + 增值税 + 进口关税) \times 车辆购置税率$$

【例1.1】从某国进口设备,重 1 000 t,装运港船上交货价为 500 万美元,如果国际运费标准为 300 美元/t,海上运输保险费率为 0.3%,中国银行银行财务费率为 0.5%,外贸手续费率为 1.5%,关税税率为 22%,增值税税率为 17%,消费税税率为 10%,银行外汇牌价为 1 美元 = 6.3 元人民币。请对该设备的原价进行估算。(结果以万元为单位,保留两位小数)

【解】进口设备离岸价(FOB) = 500 × 6.3 = 3 150(万元)

国际运费 = 300 × 1 000 × 6.3 = 189(万元)

国外运输保险费 = $\frac{3\ 150 + 189}{1 - 0.3\%} \times 0.3\%$ = 10.05(万元)

到岸价(CIF) = 3 150 + 189 + 10.05 = 3 349.05(万元)

银行财务费 = 3 150 × 0.5% = 15.75(万元)

外贸手续费 = 3 349.05 × 1.5% = 50.24(万元)

关税 = 3 349.05 × 22% = 736.79(万元)

消费税 = $\frac{3\ 349.05 + 736.79}{1 - 10\%} \times 10\%$ = 453.98(万元)

增值税 = (3 349.05 + 736.79 + 453.98) × 17% = 771.77(万元)

进口从属费＝15.75＋50.24＋736.79＋453.98＋771.77＝2 028.53（万元）

进口设备原价＝3 349.05＋2 028.53＝5 377.5（万元）

【想一想】 原价和货价有什么区别？抵岸价、到岸价、离岸价又有什么区别？

2）设备运杂费

设备运杂费通常由下列各项构成：

①运费和装卸费；

②包装费；

③设备供销部门手续费；

④采购与保管费。

对于进口设备而言，运费和装卸费是指由我国到岸港口或边境车站起至工地仓库（或施工组织设计指定的需安装设备的堆放地点）止所发生的运费和装卸费。

设备运杂费按设备原价乘以设备运杂费率计算，其计算公式为：

$$设备运杂费＝设备原价×设备运杂费率$$

1.2.2 工器具及生产家具购置费

工器具及生产家具购置费是指新建或扩建项目初步设计规定的，保证初期正常生产必须购置的没有达到固定资产标准的设备、仪器、工卡模具、器具、生产家具和备品备件等的购置费用。一般以设备购置费为计算基数，其计算公式为：

$$工具、器具及生产家具购置费＝设备购置费×定额费率$$

【例1.2】 A项目所需设备分为进口设备与国产设备两部分。进口设备重800 t，其装运港船上交货价为650万美元，海运费为300美元/t，海运保险费率为1.9‰，银行财务费率为5‰，外贸手续费率为1.5%，增值税税率为17%，关税税率为25%，美元兑人民币汇率为1∶6.6。设备从到货口岸至安装现场700 km，运输费为0.6元人民币/(t/km)，装卸费为50元人民币/t，国内运输保险费为抵岸价的0.5‰，设备的现场保管费为抵岸价的0.5‰。国产设备均为标准设备，其带有备件的订货合同价为9 800万元人民币。国产标准设备的设备运杂费率为3‰。该项目的工器具及生产家具购置费率为4%。

问题：

(1)试计算进口设备购置费。

(2)试计算国产设备购置费。

(3)试估算A项目的设备及工器具购置费。（结果以万元为单位，保留两位小数）

【解】 问题(1)：计算进口设备购置费。

抵岸价＝货价＋国际运费＋国外运输保险费＋银行财务费＋外贸手续费＋关税＋增值税

货价＝650万美元

国际运费＝300×800＝24（万美元）

国外运输保险费＝(650＋24)×1.9‰/(1－1.9‰)＝1.28（万美元）

银行财务费＝650×5‰＝3.25（万美元）

到岸价(CIF价)＝650＋24＋1.28＝675.28（万美元）

关税 = 675.28×25% = 168.82(万美元)

增值税 = (675.28+168.82)×17% = 143.50(万美元)

外贸手续费 = 675.28×1.5% = 10.13(万美元)

进口设备抵岸价 = 650+24+1.28+3.25+10.13+168.82+143.50 = 1 000.98(万美元)

1 000.98×6.6 = 6 606.47(万元)

进口设备运杂费 = (700×0.6×800+50×800)/10 000+6 606.47×(0.5‰+0.5‰)

　　　　　　　 = 44.21(万元)

进口设备购置费 = 6 606.47+44.21 = 6 650.68(万元)

问题(2)：计算国产设备购置费。

国产设备购置费 = 国产设备原价+设备运杂费 = 9 800×(1+3‰) = 9 829.4(万元)

问题(3)：估算 A 项目的设备及工器具购置费。

设备及工器具购置费 = (国产设备购置费+进口设备购置费)×(1+工器具及生产家具购置费率)

　　　　　　　　 = (6 650.68+9 829.4)×(1+4%) = 17 139.28(万元)

1.3　建筑安装工程费的组成

根据建标〔2013〕44 号文《建筑安装工程费用项目组成》的规定,建筑安装工程费的组成如下：

建筑安装工程费按照费用构成要素组成划分,由人工费、材料(包含工程设备,下同)费、施工机具使用费、企业管理费、利润、规费和税金组成。其中,人工费、材料费、施工机具使用费、企业管理费和利润包含在分部分项工程费、措施项目费、其他项目费中。

建筑安装工程费按照工程造价形成顺序划分,由分部分项工程费、措施项目费、其他项目费、规费、税金组成。分部分项工程费、措施项目费、其他项目费包含人工费、材料费、施工机具使用费、企业管理费和利润。

1.4　工程建设其他费的组成

工程建设其他费是指工程项目从筹建开始到竣工验收交付使用止的整个建设期间,除建筑安装工程费用、设备及工器具购置费以外的,为保证工程建设顺利完成和交付使用后能够正常发挥效用而发生的一些费用。

工程建设其他费用,按其内容大体可分为三类：第一类为土地使用费,工程项目固定于一定地点与地面相连,必须占用一定量的土地,也就必然发生为获得建设用地而支付的费用；第二类是与项目建设有关的其他费用；第三类是与未来企业生产和经营活动有关的其他费用。

1.4.1　土地使用费

土地使用费是指按照《中华人民共和国土地管理法》等规定,建设工程项目征用土地或租用土地应支付的费用。

1.4.2　与项目建设有关的其他费用

1)建设管理费

建设管理费是指建设单位从项目筹建开始至工程竣工验收合格或交付使用为止发生的项目建设管理费用。

2)可行性研究费

可行性研究费是指在建设工程项目前期工作中,编制和评估项目建议书(或预可行性研究报告)、可行性研究报告所需的费用。

3)研究试验费

研究试验费是指为建设工程项目提供或验证设计数据、资料等进行必要的研究试验及按照设计规定在建设过程中必须进行试验、验证所需的费用。研究试验费按照研究试验内容和要求进行估算。

4)勘察设计费

勘察设计费是指委托勘察设计单位进行工程水文地质勘察、工程设计所发生的各项费用,包括工程勘察费、初步设计费(基础设计费)、施工图设计费(详细设计费)、设计模型制作费等。

5)环境影响评价费

环境影响评价费是指按照《中华人民共和国环境保护法》《中华人民共和国环境影响评价法》等规定,为全面、详细评价建设工程项目对环境可能产生的污染或造成的重大影响所需的费用,包括编制环境影响报告书(含大纲)、环境影响报告表和评估环境影响报告书(含大纲)、环境影响报告表等所需的费用。

6)劳动安全卫生评价费

劳动安全卫生评价费是指按照劳动部《建设项目(工程)劳动安全卫生监察规定》和《建设项目(工程)劳动安全卫生预评价管理办法》的规定,为预测和分析建设工程项目存在的职业危险危害因素的种类和危险危害程度,并提出先进、科学、合理可行的劳动安全卫生技术和管理对策所需的费用。

7)场地准备及临时设施费

场地准备及临时设施费是指建设场地准备费和建设单位临时设施费。

$$场地准备和临时设施费 = 工程费用 \times 费率 + 拆除清理费$$

发生拆除清理费时,可按新建同类工程造价或主材费、设备费的比例计算。凡可回收材料的拆除工程采用以料抵工方式冲抵拆除清理费。

8)引进技术及进口设备其他费

引进技术及进口设备其他费包括出国人员费用、国外工程技术人员来华费用、技术引进费、分期或延期付款利息、担保费以及进口设备检验鉴定费等。

9)工程保险费

工程保险费是指建设工程项目在建设期间根据需要对建筑工程、安装工程、机器设备和人身安全进行投保而发生的保险费用。包括建筑安装工程一切险、进口设备财产保险和人身意外伤害险等。不包括已列入施工企业管理费中的施工管理用财产、车辆保险费。不投保的工程不计取此项费用。

10)特殊设备安全监督检验费

特殊设备安全监督检验费是指在施工现场组装的锅炉及压力容器、压力管道、消防设备、燃气设备、电梯等特殊设备和设施,由安全监察部门按照有关安全监察条例和实施细则以及设计技术要求进行安全检验,应由建设工程项目支付的,向安全监察部门缴纳的费用。

11)市政公用设施建设及绿化补偿费

市政公用设施建设及绿化补偿费是指使用市政公用设施的建设工程项目,按照项目所在地省、自治区、直辖市人民政府有关规定建设或缴纳的市政公用设施建设配套费用,以及绿化工程补偿费用。

1.4.3　与未来企业生产经营有关的其他费用

1)联合试运转费

联合试运转费是指新建项目或新增生产能力的项目,在交付生产前按照批准的设计文件所规定的工程质量标准和技术要求,进行整个生产线或装置的负荷联合试运转或局部联动试车所发生的费用净支出(试运转支出大于收入的差额部分费用)。试运转支出包括试运转所需原材料、燃料及动力消耗、低值易耗品、其他物料消耗、工具用具使用费、机械使用费、保险金、施工单位参加试运转人员工资以及专家指导费等;试运转收入包括试运转期间的产品销售收入和其他收入。

联合试运转费不包括应由设备安装工程费用开支的调试及试车费用,以及在试运转中暴露出来的因施工问题或设备缺陷等发生的处理费用。

不发生试运转或试运转收入大于(或等于)费用支出的工程,不列此项费用。当联合试运转收入小于联合试运转费用支出时:

$$联合试运转费=联合试运转费用支出-联合试运转收入$$

2)生产准备费

生产准备费是指新建项目或新增生产能力的项目,为保证竣工交付使用进行必要的生产准备所发生的费用。

新建项目以设计定员为基数计算,改扩建项目以新增设计定员为基数计算:

$$生产准备费=设计定员×生产准备费指标(元/人)$$

3)办公和生活家具购置费

办公和生活家具购置费是指为保证新建、改建、扩建项目初期正常生产、使用和管理所必须购置的办公和生活家具、用具的费用。改建、扩建项目所需的办公和生活用具购置费应低于新建项目。其范围包括办公室、会议室、档案室、阅览室、文娱室、食堂、浴室、理发室和单身宿舍等。这项费用按照设计定员人数乘以综合指标计算。

1.5　预备费

预备费是指在初步设计和概算中难以预料的工程费用。按照风险因素的性质划分,预备费包括基本预备费和价差预备费两大类。

1)基本预备费

基本预备费是指由于如下原因导致费用增加而预留的费用:
①设计变更导致的费用赠加;
②不可抗力导致的费用增加;
③隐蔽工程验收时发生的挖掘及验收结束时进行恢复所导致的费用增加。

2)价差预备费

价差预备费是指建设项目在建设期间由于价格等变化引起工程造价变化的预测预留费用,包括人工、材料、施工机械的价差费,建筑安装工程费及工程建设其他费用调整,利率、汇率调整等增加的费用。

1.6　建设期利息

建设期利息是指项目借款在建设期内发生并计入固定资产的利息。

1.7　流动资金

项目运营需要流动资金。流动资金是指生产经营性项目投产后,为进行正常生产运营,用于购买原材料、燃料,支付工资及其他经营费用等所需的周转资金。

练习题

1.单选题

(1)某项目进口一批设备,FOB 价为 650 万元,CIF 价为 830 万元,银行财务费率为0.5%,外贸手续费率为 1.5%,关税税率为 20%,增值税税率为 17%。该设备无消费税。则该批进口设备的抵岸价为(　　)万元。

　　A.1 181.02　　　B.1 181.92　　　C.1 001.02　　　D.1 178.32

(2)某项目进口一批工艺设备,其银行财务费为 4.25 万元,外贸手续费为 18.9 万元,关税税率为 20%,增值税税率为 17%,抵岸价为 1 792.19 万元。该设备无消费税。则该批进口设备的到岸价为(　　)万元。

　　A.747.19　　　B.1 260　　　C.1 291.27　　　D.1 045

(3)某工业设备从国外运抵中国,已知国际运输费和运输保险费为 30 000 美元,银行财务费率为 0.3%,外贸手续费率为 1.5%,关税税率为 30%,增值税税率为 17%,不含消费税。

现抵岸价为 246 万元人民币,当日美元对人民币汇率为 1：8.2,则离岸价为(　　　)美元。

　　A.161 570.9　　　B.162 145.6　　　C.168 613.9　　　D.168 019.8

　　(4)某建设项目投资构成中,设备购置费为 1 000 万元,工具、器具及生产家具购置费为 200 万元,建筑工程费为 800 万元,安装工程费为 500 万元,工程建设其他费用为 400 万元,基本预备费为 150 万元,价差预备费为 350 万元,建设期贷款 2 000 万元,应计利息 120 万元,流动资金为 400 万元,则该建设项目的工程造价为(　　　)万元。

　　A.3 520　　　　B.3 920　　　　C.5 520　　　　D.5 920

　　(5)建设项目工程造价在量上和(　　　)相等。

　　A.固定资产投资与流动资产投资

　　B.工程费用与工程建设其他费用之和

　　C.固定资产投资和固定资产投资方向调节税之和

　　D.项目自筹建到全部建成并验收合格交付使用所需的费用之和

　　(6)某进口设备应征消费税,该设备折合人民币的 FOB 价为 800 万元,运抵目的地过程中发生的运输费、保险费等费用为 50 万元,关税税率为 10%,消费税税率为 5%,则应征消费税为(　　　)万元。

　　A.49.21　　　　B.46.31　　　　C.40　　　　D.44

　　(7)某项目进口一批工艺设备,其银行财务费为 4 万元,外贸手续费为 19 万元,关税税率为 20%,增值税税率为 17%,抵岸价为 1 790 万元,该批设备无消费税、海关监管手续费,则该批进口设备的到岸价为(　　　)万元。

　　A.745.57　　　　B.1 258.55　　　　C.1 274.93　　　　D.4 837.84

　　(8)某项目进口一套加工设备,该设备的离岸价为 100 万美元,国际运费为 5 万美元,运输保险费为 1 万美元,关税税率为 20%,增值税税率为 17%,无消费税,则该设备的增值税为(　　　)万人民币。(外汇汇率:1 美元=8.14 元人民币)

　　A.146.68　　　　B.166.06　　　　C.174.35　　　　D.176.02

　　(9)某项目投产后的年产值为 1.5 亿件,某同类企业的百件产量流动资金占用额为 17.5 元,则该项目的流动资金估算额为(　　　)万元。

　　A.857　　　　B.8.57　　　　C.2 625　　　　D.26.25

　　(10)某建设项目投资构成中,设备及工器具购置费为 2 000 万元,建筑安装工程费为 1 000 万元,工程建设其他费用为 500 万元,预备费为 200 万元,建设期贷款 1 800 万元,应计利息 80 万元,流动资金贷款 400 万元,则该建设项目的工程造价为(　　　)万元。

　　A.5 980　　　　B.5 580　　　　C.3 780　　　　D.4 180

　　(11)下列对进口设备原价构成和计算描述中,错误的是(　　　)。

　　A.运输保险费和关税的计费基础是一致的

　　B.增值税和消费税的计税基础相同

　　C.增值税的计税基础比消费税多了消费税一项

　　D.外贸手续费和海关监管手续费的计费基础相同

2. 多选题

（1）下列各项费用中属于设备及工器具购置费的是（　　）。

A. 设备采购人员的工资、工资附加费

B. 新建项目购置的不够固定资产标准的生产家具和备品备件费

C. 进口设备消费税

D. 进口设备担保费

E. 进口设备检验鉴定费

（2）下列费用中,属于设备运杂费的是（　　）。

A. 进口设备由出口国口岸运至进口国口岸的费用

B. 在设备原价中没有包含的为运输而进行的包装支出的各种费用

C. 设备供销部门手续费

D. 国产设备由设备制造厂交货地点至工地仓库的运费

E. 采购与仓库保管费

（3）进口设备采用装运港船上交货价时,买方承担的责任是（　　）。

A. 负责租船舱

B. 负责把货物装船

C. 负责办理出口手续

D. 负责货物装船后一切费用和风险

E. 负责支付运费

3. 案例题

（1）某建设项目建筑工程费为 2 000 万元,安装工程费为 700 万元,设备购置费为 1 100 万元,工程建设其他费用为 450 万元,预备费为 80 万元,建设期贷款利息为 120 万元,流动资金为 500 万元,则该工程项目的工程造价为多少万元?

（2）某进口设备 CIF 价为 8 300 万元,关税税率为 20%,增值税税率为 17%,消费税税率为 20%,则该进口设备应缴纳的增值税额为多少万元?

模块 2
建设项目财务评价

【学习目标】

- 了解投资估算的基本知识；
- 掌握投资估算的方法；
- 掌握建设项目财务评价中基本报表的编制；
- 了解财务评价及经济效果评价体系；
- 了解财务盈利能力、偿债能力的评价指标。

【情景导入】

上海中心大厦(图2.1)位于上海市陆家嘴金融贸易区核心区,是一幢集商务、办公、酒店、商业、娱乐、观光等功能的超高层建筑,是目前已建成项目中国第一、世界第三高楼,始建于2008年11月29日,于2016年3月12日完成建筑总体的施工工作。

上海中心大厦总建筑面积约为57.8万 m²,其中地上面积约41万 m²,地下面积约16.8万 m²,占地面积30 368 m²。主楼为地上127层,地下5层,建筑高度为632 m;裙楼共7层,其中地上5层,地下2层,建筑高度为38 m。上海中心大厦与陆家嘴区域已然矗立的金茂大厦、上海环球金融中心等摩天高楼共同形成螺旋上升的天际曲线。

上海中心大厦投资约150亿人民币。整个项目分为9个区,1号区是购物中心,2号区到6号区是办公区,7号区到9号区是酒店、观景台和餐厅。一栋摩天大楼的收入是多元化的,除了办公室的租金收入外,还有商场的租金收入。按照41万 m² 计算,上海中心大厦满租情况下,每天可以收到800多万元的租金,一年可以收到31亿元的租金。如果算上酒店和商场的收入,其收益可能更高。比起150亿元的投资,其实5年就可以收回成本。

正常来说,不管是写字楼还是商场,每年租金还可以有一个小幅度的提升。如果按照5%的租金上涨,十几年之后租金就可以涨一倍。即使只有50年的使用时限,上海中心大厦的业主也已经赚得盆满钵满。

图 2.1　上海中心大厦

　　进行投资估算是项目实施过程中必不可少的一个阶段,它直接影响建设工程成本,甚至影响工程后期的经济效益。投资估算主要适用于建设工程初期阶段,是项目建议书不可或缺的一部分。我们有必要开展工程项目财务分析,从财务盈利能力、偿债能力和财务生存能力等方面去评价项目的可行性。在任何建设工程项目启动之前,建设单位应先进行投资分析和估算,推测建设后是否能产生经济效益。

【本章内容】

2.1　投资估算

2.1.1　建设投资静态投资部分的估算

　　建设投资中的建筑安装工程费、设备及工器具购置费、工程建设其他费和基本预备费之和为静态投资。价差预备费为动态投资。

1)单位生产能力估算法

　　依据调查的统计资料,利用相近规模的单位生产能力投资乘以建设规模,即可得到拟建项目静态投资。单位生产能力估算法的计算公式为:

$$C_2 = \left(\frac{C_1}{Q_1}\right) Q_2 f$$

式中　C_1——已建类似项目的静态投资额;

　　　C_2——拟建项目的静态投资额;

　　　Q_1——已建类似项目的生产能力;

　　　Q_2——拟建项目的生产能力;

f——不同时期、不同地点的定额、单价、费用变更等的综合调整系数。

【例2.1】假定某地拟建一座拥有 200 套客房的豪华宾馆,另有一座豪华宾馆最近在该地竣工,它有 250 套客房,有门厅、餐厅、会议室、游泳池、夜总会、网球场等设施,总造价为 6 000 万元。请估算新建项目的总投资。

【解】根据以上资料,可首先推算出折算为每套客房的造价:

每套客房的造价＝6 000/250＝24(万元/套)

拟建项目投资估算额＝24×200＝4 800(万元)

2)生产能力指数法

生产能力指数法的计算公式为:

$$C_2 = \left(\frac{Q_2}{Q_1}\right)^x C_1 f$$

式中　x——生产能力指数;

其他符号的意义同上。

3)系数估算法

(1)设备系数法

以拟建项目的设备购置费为基数,根据已建成的同类项目的建筑安装工程费和其他工程费等与设备价值的百分比,求出拟建项目建筑安装工程费和其他工程费,进而求出项目的静态投资。其计算公式为:

$$C = E(1 + f_1 P_1 + f_2 P_2 + f_3 P_3 + \cdots) + I$$

式中　C——拟建项目的静态投资;

E——拟建项目根据当时当地价格计算的设备购置费;

P_i——已建项目中建筑安装工程费及其他工程费占设备购置费的百分比;

f_i——由于时间因素引起的定额、价格、费用标准等变化的综合调整系数;

I——拟建项目的其他费用。

(2)主体专业系数法

以拟建项目中投资比重较大,并与生产能力直接相关的工艺设备投资为基数,根据已建同类项目的有关统计资料,计算出已建项目各专业工程(如土建、采暖、给排水、管道、电气等)费用与工艺设备投资的百分比,据以求出拟建项目各专业投资,然后加总即为拟建项目的静态投资。其计算公式为:

$$C = E(1 + f_1 P_1' + f_2 P_2' + f_3 P_3' + \cdots) + I$$

式中　E——与生产能力直接相关的工艺设备投资;

P_i'——已建项目中各专业工程费用占工艺设备投资的百分比;

其他符号的意义同上。

(3)朗格系数法

朗格系数法的计算公式为:

$$C = E(1 + \sum K_i) K_c$$

式中　K_i——管线、仪表、建筑物等项费用的估算系数;

K_c——管理费、合同费、应急费等间接费在内的总估算系数。

静态投资与设备购置费之比为朗格系数 K_L，计算公式为：

$$K_L = (1 + \sum K_i)K_c$$

(4) 比例估算法

根据统计资料，先求出已有同类项目主要设备投资占项目静态投资的比例，然后再算出拟建项目的主要设备投资，即可按比例求出拟建项目的静态投资。其计算公式为：

$$I = \frac{1}{K} \sum_{i=1}^{n} Q_i P_i$$

式中　I——拟建项目的静态投资；

　　　K——已建项目主要设备购置费占已建项目投资的比例；

　　　n——主要设备种类数；

　　　Q_i——第 i 种主要设备的数量；

　　　P_i——第 i 种主要设备的购置单价（出厂价格）。

2.1.2　建设投资动态投资部分的估算

建设投资动态投资部分主要包括价格变动可能增加的投资额，主要指价差预备费、建设期贷款利息。动态部分的估算应以基准年静态投资的资金使用计划为基础来计算。

1) 价差预备费

价差预备费以建筑安装工程费、设备及工器具购置费、基本预备费之和为计算基数。

基本预备费的计算公式为：

基本预备费=（建筑安装工程费+设备及工器具购置费+工程建设其他费）×基本预备费费率

价差预备费的计算公式为：

$$PF = \sum_{t=i}^{n} I_t \left[(1 + f)^m (1 + f)^{0.5} (1 + f)^{t-1} - 1 \right]$$

式中　PF——价差预备费；

　　　n——建设期年份数；

　　　I_t——建设期中第 t 年的投资计划额，包括工程费用、工程建设其他费用及其基本预备费，即第 t 年的静态投资；

　　　f——年均投资价格上涨率；

　　　m——建设前期年限。

【例 2.2】预备费的估算。

某新建项目的建筑安装工程费为 12 000 万元，设备购置费为 6 500 万元，工程建设其他费用为 1 200 万元，已知基本预备费费率为 4%，项目建设前期年限为 1 年，建设期为 3 年，第 1 年投入 20%，第 2 年投入 50%，第 3 年投入 30%，年均投资价格上涨率为 5%。

问题：

(1) 求建设项目建设期基本预备费。

(2) 求建设项目建设期价差预备费。（结果保留两位小数）

【解】问题(1)：计算建设项目建设期基本预备费。

基本预备费=（12 000+6 500+1 200）×4% =788（万元）

问题(2):计算建设项目建设期价差预备费。

静态投资计划额 $= 12\ 000 + 6\ 500 + 1\ 200 + 788 = 20\ 488$(万元)

建设期第 1 年完成投资计划额 $= 20\ 488 \times 20\% = 4\ 097.6$(万元)

第 1 年价差预备费为:

$\text{PF} = I_t [(1 + f)^1 (1 + f)^{0.5} - 1] = 4\ 097.6 \times [(1 + 5\%)^{1.5} - 1] = 311.13$(万元)

建设期第 2 年完成投资计划额 $= 20\ 488 \times 50\% = 10\ 244$(万元)

第 2 年价差预备费为:

$\text{PF} = I_t [(1 + f)^1 (1 + f)^{0.5} (1 + f)^1 - 1] = 10\ 244 \times [(1 + 5\%)^{2.5} - 1] = 1\ 328.92$(万元)

建设期第 3 年完成投资计划额 $= 20\ 488 \times 30\% = 6\ 146.4$(万元)

第 3 年价差预备费为:

$\text{PF} = I_t [(1 + f)^1 (1 + f)^{0.5} (1 + f)^2 - 1] = 6\ 146.4 \times [(1 + 5\%)^{3.5} - 1] = 1\ 144.54$(万元)

故建设期价差预备费为:

$\text{PF} = 311.13 + 1\ 328.92 + 1\ 144.54 = 2\ 784.59$(万元)

2)建设期贷款利息的估算

为了简化计算,在编制投资估算时通常假定借款均在每年的年中支用,借款第一年按半年计息,其余各年份按全年计息。其计算公式为:

各年应计利息 = (年初借款本息累计 + 本年借款额/2) × 年利率

在经济分析中,复利计算通常以年为计息周期。但在实际经济活动中,计息周期有半年、季、月、周、日等多种。当利率的时间单位与计息期不一致时,就出现了名义利率和实际利率(有效利率)的区别。在经济活动中,区别名义利率和实际利率至关重要。

(1)名义利率(r)

名义利率是指按年计息的利率,即计息周期为一年的利率。它是以一年为计息基础,等于每一计息期的利率与每年的计息期数的乘积。

(2)实际利率(i)

实际利率又称为有效利率,是把各种不同计息的利率换算成以年为计息期的利率。通常名义利率和实际利率的计算需要分以下几种情况。

①实际利率时间单位与计息期一致:

$$i = rm$$

②实际利率时间单位与计息期不一致:

$$i = \frac{I}{P} = \left(1 + \frac{r}{m}\right)^m - 1$$

式中　r——名义利率;

　　　m——每年计息次数;

　　　I——利率周期内的利息;

　　　P——利率周期初的资金。

(3)本利和计算公式

$$F = P \left(1 + \frac{r}{m}\right)^m$$

式中　F——本利和；

其他符号意义同前。

【经典案例】　大三学生小杨曾有一次地狱般的借贷经历。2021 年 12 月,他迷上一款手机游戏,为了购买装备、充游戏币,三天内他不知不觉消费了近 800 元。当他取钱充饭卡时才发现银行卡里只剩 100 元。此时距父母给生活费还有两周,一向好面子的小杨便想起了校门口的借贷小广告。

小杨说,对方让他提供学信网登录截图及辅导员和家长的手机号码,签了一份类似借款的协议后,就借到了 800 元。一周后,小杨便开始接到借贷平台的催款电话。

小杨说,借钱时没搞明白一周 10 个点是什么意思,他们还骗他说还不上款可分期付款。此时他才弄明白,10 个点就是一周利息 10%,更可恨的是第二周还不上款,就会利滚利。那时小杨每天都会接到催款电话。对方还威胁,一周内如果小杨再不还款就打电话给辅导员和家长,找他们要钱。

请你计算一下,小杨如果借一年需要还多少钱?

【例 2.3】　建设期贷款利息的估算。

某项目建设期 3 年,3 年的投资比例是:第 1 年 20%,第 2 年 55%,第 3 年 25%,第 4 年投产。该项目固定资产投资来源为自有资金和贷款。贷款总额为 40 000 万元,其中外汇贷款为 2 300 万美元,贷款的外汇部分从中国银行获得,年利率为 8%(按年计息)。项目建设投资 3 000 万元,建设期 2 年,运营期 8 年。建设期贷款本金为 1 800 万元,年利率 6%,建设期均衡投入。请计算建设期外汇贷款利息。(结果保留两位小数)

【解】　每年投资的贷款部分本金数额计算:

第 1 年:2 300×20% =460(万美元)

第 2 年:2 300×55% =1 265(万美元)

第 3 年:2 300×25% =575(万美元)

外币贷款利息计算:

第 1 年外币贷款利息 =(0+460/2)×8% =18.4(万美元)

第 2 年外币贷款利息 =[(460+18.4)+1 265/2]×8% =88.87(万美元)

第 3 年外币贷款利息 =[(460+18.4+1 265+88.87)+575/2]×8% =169.58(万美元)

外币贷款利息合计 = 18.4+88.87+169.58 =276.85(万美元)

2.1.3　流动资金估算

流动资金估算一般采用分项详细估算法。个别情况或者小型项目可采用扩大指标估算法。

1)分项详细估算法

流动资产一般包括存货、库存现金、应收账款和预付账款等;流动负债一般包括应付账款和预收账款等。具体计算公式为:

$$流动资金=流动资产-流动负债$$

$$流动资产=应收账款+预付账款+存货+库存现金$$

$$流动负债 = 应付账款 + 预收账款$$

$$流动资金本年增加额 = 本年流动资金 - 上年流动资金$$

流动资金估算的具体步骤:首先计算各类流动资产和流动负债的年周转次数,然后再分项估算占用资金额。

①周转次数计算。周转次数是指流动资金的各个构成项目在一年内完成多少个生产过程。其计算公式为:

$$周转次数 = \frac{360}{流动资金最低周转次数}$$

②应收账款估算。应收账款是指企业对外赊销商品、提供劳务尚未收回的资金。其计算公式为:

$$应收账款 = \frac{年经营成本}{应收账款周转次数}$$

③预付账款估算。预付账款是指企业为购买各类材料、半成品或服务所预先支付的款项。其计算公式为:

$$预付账款 = \frac{外购商品或服务年费用金额}{预付账款周转次数}$$

④存货估算。存货是企业为销售或者生产而储备的各种物资,主要有原材料、辅助材料、燃料、低值易耗品、维修备件、包装物、商品、在产品、自制半成品和产成品等。为简化计算,存货估算仅考虑外购原材料和燃料、其他材料、在产品、产成品,并分项进行计算。其计算公式为:

$$存货 = 外购原材料和燃料 + 其他材料 + 在产品 + 产成品$$

$$外购原材料和燃料 = \frac{年外购原材料和燃料费用}{分项周转次数}$$

$$其他材料 = \frac{年其他材料费用}{其他材料周转次数}$$

$$在产品 = \frac{年外购原材料和燃料费用 + 年工资及福利费 + 年维修费 + 年其他制造费用}{在产品周转次数}$$

$$产成品 = \frac{年经营成本 - 年其他营业费用}{产成品周转次数}$$

⑤现金需要量估算。项目流动资金中的现金是指货币资金,即企业生产运营活动中停留于货币形态的那部分资金,包括企业库存现金和银行存款。其计算公式为:

$$现金 = \frac{年工资及福利费 + 年其他费用}{现金周转次数}$$

⑥流动负债估算。流动负债是指在一年或者超过一年的一个营业周期内,需要偿还的各种债务。在可行性研究中,流动负债的估算可以只考虑应付账款和预收账款两项。其计算公式为:

$$应付账款 = \frac{外购原材料、燃料及其他材料年费用}{应付账款周转次数}$$

$$预收账款 = \frac{预收的营业收入年金额}{预收账款周转次数}$$

【例 2.4】 流动资金的估算。

某公司拟投资新建一个工业项目,预计项目投产后定员 1 200 人,每人每年工资和福利费 0.6 万元,每年的其他费用 530 万元(其中其他制造费用 400 万元)。年外购原材料、燃料费为 6 500 万元,年维修费为 700 万元,年经营成本为 8 300 万元。各项流动资金的最低周转天数分别为:应收账款 30 天,现金 40 天,应付账款 30 天,存货 40 天。请用分项详细估算法估算建设项目的流动资金。(结果保留两位小数)

【解】 应收账款 = 8 300/(360/30) = 691.67(万元)

现金 = (1 200×0.6+530)(360/40) = 138.89(万元)

存货:

外购原材料、燃料费 = 6 500/(360/40) = 722.22(万元)

在产品 = (6 500+1 200×0.6+700+400)/(360/40) = 924.44(万元)

产成品 = 8 300/(360/40) = 922.22(万元)

存货 = 722.22+924.44+922.22 = 2 568.88(万元)

应付账款 = 6 500/(360/30) = 541.67(万元)

流动资产 = 应收账款+存货+现金 = 691.67+138.89+2 568.88 = 3 399.44(万元)

流动负债 = 应付账款 = 541.67(万元)

流动资金 = 流动资产−流动负债 = 3 399.44−541.67 = 2 857.77(万元)

2)扩大指标估算法

扩大指标估算法是根据现有同类企业的实际资料,求得各类流动资金率指标,也可依据行业或部门给定的参考值或经验确定比例。将各类流动资金率乘以相对应的费用基数来估算流动资金。一般常用的基数有营业收入、经营成本、总成本费用和建设投资等。扩大指标估算法简便易行,但准确度不高,适用于项目建议书阶段的估算。

扩大指标估算法计算流动资金的公式为:

$$年流动资金额 = 年费用基数 × 各类流动资金率$$

3)流动资金的特征

①流动资金占用形态具有变动性;

②流动资金占用数量具有波动性;

③流动资金循环与生产经营周期具有一致性;

④流动资金来源具有灵活多样性。

【例 2.5】 建设项目投资估算。

某公司拟建设 A,B 两个工业项目,A 项目为拟建一条生产线,厂房的建筑面积为 3 000 m²。同行业已建类似项目的建筑工程费用为 2 000 元/m²,其中人工费、材料费、机械费和综合税费占建筑工程造价的比例分别为 17.3%,53.6%,12.2%,16.9%。B 项目为拟建年产 25 万 t 铸钢厂,根据可行性研究报告提供的当地已建年产 15 万 t 铸钢厂的主厂房工艺设备投资约 1 600 万元。已建类似项目资料:主厂房其他各专业工程投资占工艺设备投资的比例见表 2.1,项目其他各系统工程及工程建设其他费用占主厂房投资的比例见表 2.2。

表2.1　主厂房其他各专业工程投资占工艺设备投资的比例

加热炉	汽化冷却	余热锅炉	自动化仪表	起重设备	供电与传动	建安工程
0.12	0.01	0.04	0.02	0.09	0.18	0.40

表2.2　项目其他各系统工程及工程建设其他费用占主厂房投资的比例

动力系统	机修系统	总图运输系统	行政及生活福利设施工程	工程建设其他费用
0.3	0.12	0.2	0.3	0.2

B项目建设资金来源为自有资金和贷款,贷款本金为6 000万元,分年均衡发放,贷款利率为10%(按年计息)。项目建设前期1年,建设期2年,建设期投资计划额为每年各一半。基本预备费费率为8%,预计建设期物价年平均上涨率为5%。

问题:

(1)对于A项目,建设期人工费、材料费、机械费和综合税费的综合调整系数分别为1.2,1.32,1.15,1.2,其他内容不变。请计算A项目的建筑工程费用。

(2)对于B项目,已知生产能力指数为1,拟建项目与类似项目的综合调整系数为1.25,试用生产能力指数法估算B项目主厂房的工艺设备投资,用系数估算法估算B项目主厂房投资和项目的工程费用与工程建设其他费用。

(3)估算B项目的建设投资。

(4)对于B项目,若单位产量占用流动资金为34.5元/t,试用扩大指标估算法估算该项目的流动资金,并确定B项目的建设总投资。(结果保留两位小数)

【解】问题(1):

A项目的建筑工程造价综合差异系数为:

$$17.3\% \times 1.2 + 53.6\% \times 1.32 + 12.2\% \times 1.15 + 16.9\% \times 1.2 = 1.26$$

A项目的建筑工程费用为:

$$3\,000 \times 2\,000 \times 1.26 = 756(万元)$$

问题(2):

估算B项目主厂房工艺设备投资,采用生产能力指数估算法:

$$B项目主厂房工艺设备投资 = 1\,600 \times (25/15)^1 \times 1.25 = 3\,333.33(万元)$$

估算B项目主厂房投资,采用系数估算法:

B项目主厂房投资 $= 3\,333.33 \times (1+12\%+1\%+4\%+2\%+9\%+18\%+40\%)$

$$= 3\,333.33 \times (1+0.86) = 6\,199.99(万元)$$

B项目工程费用与工程建设其他费用 $= 6\,199.99 \times (1+30\%+12\%+20\%+30\%+20\%)$

$$= 6\,199.99 \times (1+1.12) = 13\,143.98(万元)$$

问题(3):计算B项目的建设投资。

①基本预备费计算:

$$基本预备费 = 13\,143.98 \times 8\% = 1\,051.52(万元)$$

由此得:　　　　静态投资 $= 13\,143.98 + 1\,051.52 = 14\,195.50(万元)$

建设期 2 年的静态投资额均为：

$$14\ 195.50 \times 50\% = 7\ 097.75\ (万元)$$

②价差预备费计算：

$$价差预备费 = 7\ 097.75 \times [\ (1+5\%)^{1+0+0.5}-1\ ] + 7\ 097.75 \times [\ (1+5\%)^{1+1+0.5}-1\ ]$$
$$= 538.93 + 920.77 = 1\ 459.70\ (万元)$$

$$B\ 项目的建设投资 = 14\ 195.50 + 1\ 459.70 = 15\ 655.20\ (万元)$$

问题(4)：估算 B 项目的总投资。

①流动资金计算：

$$25 \times 34.5 = 862.50\ (万元)$$

②建设期贷款利息计算：

$$第\ 1\ 年贷款利息 = (0+6\ 000 \times 50\% \div 2) \times 10\% = 150.00\ (万元)$$
$$第\ 2\ 年贷款利息 = [\ (6\ 000 \times 50\% +150) + 6\ 000 \times 50\% \div 2\ ] \times 10\%$$
$$= (3\ 150 + 1\ 500) \times 10\% = 465.00\ (万元)$$
$$建设期贷款利息 = 150 + 465 = 615.00\ (万元)$$

③拟建项目总投资计算：

$$拟建项目总投资 = 建设投资 + 建设期贷款利息 + 流动资金$$
$$= 15\ 655.20 + 615.00 + 862.50 = 17\ 132.70\ (万元)$$

2.2 建设项目财务评价

2.2.1 建设项目财务评价指标分类及构成

1)根据是否考虑资金时间价值分类

根据是否考虑资金时间价值,可将建设项目财务评价指标分为静态评价指标和动态评价指标,其构成如图 2.2 所示。

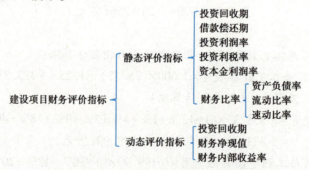

图 2.2 建设项目财务评价指标分类及构成(1)

2)根据指标的性质分类

根据指标的性质,可将建设项目财务评价指标分为时间性指标、价值性指标、比率性指标,其构成如图 2.3 所示。

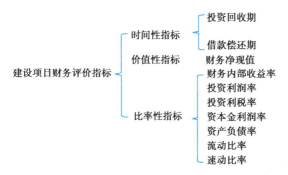

图 2.3　建设项目财务评价指标分类及构成(2)

2.2.2　建设项目财务评价的分析方法

建设项目财务盈利能力分析主要是考察项目投资的盈利水平。为此,根据编制的项目投资现金流量表、自有资金(资本金)现金流量表和利润与利润分配表,计算财务净现值、财务内部收益率、投资回收期等主要评价指标。根据建设项目的特点及实际需要,也可以计算投资利润率、投资利税率、资本金利润率等指标。

1)项目投资现金流量表及财务评价计算要点

项目投资现金流量表及财务评价计算要点见表2.3。

表 2.3　项目投资现金流量表及财务评价计算要点

项目投资现金流量表结构		各项目计算要点
序号	项目	
1	现金流入	各对应年份 1.1+1.2+1.3+1.4+1.5
1.1	营业收入(不含销项税额)	各年营业收入=设计生产能力×产品单价×当年生产负荷
1.2	销项税额	
1.3	补贴收入	与收益相关的政府补助
1.4	回收固定资产余值	现金流发生在项目期末固定资产期末净值=尚未计提折旧+残值
1.5	回收流动资金	正常生产年份流动资金的占用额,在计算期最后一年回收
2	现金流出	各对应年份 2.1+2.2+2.3+2.4+2.5+2.6+2.7+2.8
2.1	建设投资	建设期才有,生产期没有,不含建设期贷款利息
2.2	流动资金投资	流动资金投资为各年流动资金增加额
2.3	经营成本(不含进项税额)	经营成本=总成本费用-折旧费-摊销费-利息支出
2.4	进项税额	
2.5	应纳增值税	应纳增值税=当期销项税额-当期进项税额-可抵扣固定资产进项税额

续表

项目投资现金流量表结构		各项目计算要点
序号	项目	
2.6	增值税附加税	各年增值税附加税=当年增值税×增值税附加税率
2.7	维持运营投资	某些项目运营期需投入的固定资产投资
2.8	调整所得税	调整所得税=息税前利润×所得税税率 息税前利润=营业收入+补贴收入-增值税附加税-息税前总成本（不含利息支出） 息税前总成本=经营成本+折旧费+摊销费
3	所得税后净现金流量	各对应年份1-2
4	累计税后净现金流量	各年所得税后净现金流量的累计值
5	基准收益率 i/%	第 t 年的折现系数：$(1+i)^{-t}(t=1,2,\cdots,n)$
6	折现后净现金流量	各对应年份3×5
7	累计折现净现金流量	各年折现净现金流量的累计值
财务评价指标		①项目投资财务内部收益率：$$\sum_{t=0}^{n}(CI-CO)_t(1+FIRR)^{-t}=0$$ 判别准则：FIRR≥i_c，方案可以考虑接受；FIRR<i_c，方案不可行。 ②项目投资财务净现值：$$FNPV=\sum_{t=0}^{n}(CI-CO)_t(1+i_c)^{-t}$$ 判别准则：FNPV≥0，方案可行；FNPV<0，方案不可行。 ③项目动态投资回收期：$$\sum_{t=0}^{P_t'}(CI-CO)_t(1+i_c)^{-t}=0$$ 判别准则：P_t'≤n，方案可行；P_t'>n，方案不可行（n 为项目计算期）。 ④项目静态投资回收期：$$\sum_{t=0}^{P_t}(CI-CO)=0$$ 判别准则：P_t≤P_c，方案可行；P_t>P_c，方案不可行（P_c 为行业的基准投资回收期）。

【例2.6】 项目投资现金流量表的编制。

某企业拟建一个市场产品的工业项目。建设期1年，运营期5年。项目建成当年投产。当地政府决定扶持该产品生产的启动经费110万元。其他基本数据如下：

（1）建设投资1 000万元。预计全部形成固定资产（包含可抵扣固定资产进项税额100万元），固定资产使用年限8年，期末残值为180万元，固定资产余值在项目计算期末一次性收回。投产当年又投入资本金240万元作为运营期的流动资金。

(2)正常年份年营业收入为 800 万元(其中销项税额为 120 万元),经营成本 300 万元(其中进项税额为 50 万元),增值税附加税率按应纳增值税的 10% 计算,所得税税率为 25%,行业基准收益率为 10%,基准投资回收期为 5 年。

(3)投产第 1 年仅达到设计生产能力的 80%,预计这一年的营业收入及其所含销项税额、经营成本及其所含进项税额均按正常年份的 80% 计算,以后各年均达到设计生产能力。

(4)运营第 3 年,需花费 100 万元(无可抵扣进项税额)更新新型自动控制设备配件,以维持以后的正常运营,该维持运营投资按当期费用计入年度总成本。

问题:

(1)编制拟建项目投资现金流量表。

(2)计算项目的静态投资回收期、财务净现值和财务内部收益率。(结果保留两位小数)

(3)评价项目的财务可行性。

【解】 问题(1):编制拟建项目投资现金流量表,具体见表 2.4。

表 2.4 拟建项目投资现金流量表　　　　　资金单位:万元

序号	项目	建设期	运营期				
		1	2	3	4	5	6
1	现金流入		750	800	800	800	1 490
1.1	营业收入 (不含销项税额)		544	680	680	680	680
1.2	销项税额		96	120	120	120	120
1.3	补贴收入		110				
1.4	回收固定资产余值						450
1.5	回收流动资金						240
2	现金流出	1 000	571	412.95	535.25	460.25	460.25
2.1	建设投资	1 000					
2.2	流动资金投资		240				
2.3	经营成本 (不含进项税额)		200	250	250	250	250
2.4	进项税额		40	50	50	50	50
2.5	应纳增值税		0	26	70	70	70
2.6	增值税附加税		0	2.6	7	7	7
2.7	维持运营投资				100		
2.8	调整所得税		91	84.35	58.25	83.25	83.25
3	所得税后净现金流量	−1 000	179	387.05	264.75	339.75	1 029.75
4	累计税后净现金流量	−1 000	−821	−433.95	−169.20	170.55	1 200.30

续表

序号	项目	建设期	运营期				
		1	2	3	4	5	6
5	基准收益率 （折现系数10%）	0.909 1	0.826 4	0.751 3	0.683 0	0.620 9	0.564 5
6	折现后净现金流量	-909.10	147.93	290.79	180.82	210.95	581.29
7	累计折现净现金流量	-909.10	-761.17	-470.38	-289.56	-78.61	502.68

①计算固定资产折旧费：

固定资产原值＝形成固定资产的费用－可抵扣固定资产进项税额

固定资产折旧费＝（1 000－100－180）÷8＝90（万元）

②计算固定资产余值：

固定资产使用年限8年，运营期末只用了5年，还有3年未折旧。则运营期末固定资产余值为：

固定资产余值＝年固定资产折旧费×3＋残值＝90×3＋180＝450（万元）

③计算应纳增值税：

应纳增值税＝当期销项税额－当期进项税额－可抵扣固定资产进项税额

则　第2年应纳增值税＝96－40－100＝－44（万元）＜0，故第2年应纳增值税为0

第3年的应纳增值税＝120－50－44＝26（万元）

第4年、第5年、第6年的应纳增值税＝120－50＝70（万元）

④计算调整所得税：

调整所得税＝[（营业收入－当期销项税额）＋补贴收入－经营成本－固定资产折旧费－维持运营投资－增值税附加税]×25%

则　第2年调整所得税＝（544＋110－200－90）×25%＝91（万元）

第3年调整所得税＝（680－250－90－2.6）×25%＝84.35（万元）

第4年调整所得税＝（680－250－90－100－7）×25%＝58.25（万元）

第5、6年调整所得税＝（680－250－90－7）×25%＝83.25（万元）

问题（2）：计算静态投资回收期、财务净现值和财务内部收益率。

①计算项目的静态投资回收期：

$$静态投资回收期＝（累计净现金流量出现正值的年份－1）+\frac{|出现正值年份上年累计净现金流量|}{出现正值年份当年净现金流量}$$

$$=（5-1)+\frac{|-169.2|}{339.75}=4.5（年）$$

项目静态投资回收期为4.5年。

②计算项目财务净现值：项目财务净现值是把项目计算期内各年的净现金流量，按照基准收益率折算到建设期初的现值之和，也就是计算期末累计折现后净现金流量，即502.68万元，见表2.4。

③计算项目的财务内部收益率：编制财务内部收益率试算表，见表2.5。

表 2.5 财务内部收益率试算表   资金单位:万元

序号	项目	建设期	运营期				
		1	2	3	4	5	6
1	现金流入		750	800	800	800	1 490
2	现金流出	1 000	571	412.95	535.25	460.25	460.25
3	所得税后净现金流量	−1 000	179	387.05	264.75	339.75	1 029.75
4	折现系数($i=25\%$)	0.800 0	0.640 0	0.512 0	0.409 6	0.327 7	0.262 1
5	折现后净现金流量	−800.00	114.56	198.17	108.44	111.34	269.89
6	累计折现净现金流量	−800.00	−685.44	−487.27	−378.83	−267.49	1.88
7	折现系数($i=27\%$)	0.787 4	0.620 0	0.488 2	0.384 4	0.302 7	0.238 3
8	折现净现金流量	−787.40	110.98	188.96	101.77	102.84	245.39
9	累计折现净现金流量	−787.40	−676.42	−487.46	−385.69	−282.85	−37.46

首先设定 $i_1=25\%$,以 i_1 作为设定的折现率,利用财务内部收益率试算表,计算得到财务净现值 FNPV_1;再设定 $i_2=27\%$,以 i_2 作为设定的折现率,同样计算得到财务净现值 FNPV_2。试算结果满足 FNPV_1 大于 0,FNPV_2 小于 0,且满足精度要求,可采用插值法计算出拟建项目的财务内部收益率 FIRR。

由表 2.5 可知,$i_1=25\%$ 时,$\text{FNPV}_1=1.88$ 万元;$i_2=27\%$ 时,$\text{FNPV}_2=-37.46$ 万元。

用插值法计算拟建项目的资本金财务内部收益率 FIRR,即

$$\begin{aligned} \text{FIRR} &= i_1+(i_2-i_1)\times\frac{\text{FNPV}_1}{|\text{FNPV}_1|+|\text{FNPV}_2|} \\ &= 25\%+(27\%-25\%)\times\frac{1.88}{|1.88|+|-37.46|} \\ &= 31.78\% \end{aligned}$$

问题(3):评价项目的财务可行性。

本项目的静态投资回收期为 4.5 年,小于基准投资回收期 5 年;累计财务净现值为 502.68 万元,大于 0;财务内部收益率 FIRR=31.78%,大于 10%,因此从财务角度分析该项目可行。

2) 自有资金(资本金)现金流量表及财务评价计算要点

自有资金(资本金)现金流量表及财务评价计算要点见表 2.6。

表 2.6 自有资金(资本金)现金流量表及财务评价计算要点

自有资金现金流量表结构		各项目计算要点
序号	项目	
1	现金流入	各对应年份 1.1+1.2+1.3+1.4+1.5
1.1	营业收入(不含销项税额)	各年营业收入=设计生产能力×产品单价×当年生产负荷

续表

自有资金现金流量表结构		各项目计算要点
序号	项目	
1.2	销项税额	
1.3	补贴收入	与收益相关的政府补助
1.4	回收固定资产余值	现金流发生在项目期末固定资产期末净值=尚未计提折旧+残值
1.5	回收流动资金	正常生产年份流动资金的占用额,在计算期最后一年回收
2	现金流出	各对应年份2.1+2.2+2.3+2.4+2.5+2.6+2.7+2.8+2.9
2.1	项目资本金	建设期各年固定资产投资和投产期各年流动资金投资中的自有资金
2.2	借款本金偿还	对应年份2.2.1+2.2.2
2.2.1	长期借款本金偿还	建设期发生的长期借款(含未支付的建设利息)在运营期各年偿还的本金
2.2.2	流动资金借款本金偿还	投产期发生的流动资金借款在项目期末一次性偿还本金
2.3	借款利息支付	对应年份2.3.1+2.3.2
2.3.1	长期借款利息支付	建设期发生的长期借款(含未支付的建设利息)在运营期各年支付的利息
2.3.2	流动资金借款利息支付	投产期发生的流动资金借款在运营期各年支付的利息
2.4	经营成本(不含进项税额)	经营成本=总成本费用-折旧费-摊销费-利息支出
2.5	进项税额	
2.6	应纳增值税	应纳增值税=当期销项税额-当期进项税额-可抵扣固定资产进项税额
2.7	增值税附加税	各年增值税附加税=当年增值税×增值税附加税率
2.8	维持运营投资	某些项目运营期需投入的固定资产投资
2.9	所得税	所得税=(营业收入-增值税附加税-总成本费用-弥补以前年度亏损)×所得税税率
3	所得税后净现金流量	各对应年份1-2
4	累计税后净现金流量	各年所得税后净现金流量的累计值
5	基准收益率i/%	第t年的折现系数:$(1+i)^{-t}(t=1,2,\cdots,n)$
6	折现后净现金流量	各对应年份3×5
7	累计折现净现金流量	各年折现净现金流量的累计值
财务评价指标		资本金财务内部收益率 $$\sum_{t=0}^{n}(CI-CO)_t(1+FIRR)^{-t}=0$$ 判别准则:FIRR$\geqslant i_c$,方案可以考虑接受;FIRR$<i_c$,方案不可行。

【例 2.7】 自有资金现金流量表的编制。

(1)某建设项目建设期为 2 年,生产期为 8 年。建设项目建设投资(含工程费、其他费用、预备费用)3 100 万元,预计全部形成固定资产。固定资产折旧年限为 8 年,按平均年限法计算折旧,残值率为 5%,在生产期末回收固定资产残值。

(2)建设期第 1 年投入建设资金的 60%,第 2 年投入建设资金的 40%,其中每年投资的 50% 为自有资金,50% 为银行贷款,贷款年利率为 7%,建设期只计息不还款。生产期第 1 年投入流动资金 300 万元,全部为自有资金。流动资金在计算期末全部回收。

(3)建设单位与银行约定:从生产期开始的 6 年间,按照每年等额本金偿还法进行偿还,同时偿还当年发生的利息。

(4)预计生产期各年的经营成本(不含进项税额)均为 2 600 万元,进项税额为 260 万元,营业收入(不含销项税额)在计算期第 3 年为 3 800 万元,第 4 年为 4 320 万元,第 5~10 年均为 5 400 万元。假定增值税税率为 13%,增值税附加税率按应纳增值税的 10% 计取,所得税税率为 25%,行业基准投资回收期为 8 年。

问题:

(1)计算第 3 年初的累计借款。

(2)编制建设项目还本付息表,并将结果填入表中。

(3)计算固定资产残值及固定资产年折旧额。

(4)编制自有资金现金流量表,并将结果填入表中。

(5)计算静态投资回收期,并评价本建设项目是否可行。(结果保留两位小数)

【分析要点】 本例考核了有关建设项目的利息、成本和自有资金现金流量表方面的计算和相应表格的编制。分析解答时必须注意下列问题:

①经营成本是指项目从总成本费用中扣除折旧费、摊销费以及利息支出以后的成本。即

经营成本=总成本费用-折旧费-摊销费-利息支出

②流动资金应在投产第 1 年开始按生产负荷安排。流动资金借款按年计息,并计入各年的财务费用中,建设项目期末回收全部流动资金。

【解】 问题(1):当总贷款分年均衡发放时,建设期贷款利息的计算可按当年借款在年中支用考虑,即当年贷款按半年计息,上年贷款按全年计息。其计算公式为:

$$q_j = \left(P_{j-1} + \frac{1}{2}A_j \right) i$$

式中　q_j——建设期第 j 年应计利息;

　　　P_{j-1}——建设期第 $(j-1)$ 年末贷款累计金额与利息累计金额之和;

　　　A_j——建设期第 j 年贷款金额;

　　　i——年利率。

因此,第 1 年应计利息:

$$q_1 = \left(0 + \frac{1}{2} \times 3\ 100 \times 60\% \times 50\% \right) \times 7\% = 32.55\ (万元)$$

第 2 年应计利息:

$$q_2 = \left[(3\,100 \times 60\% \times 50\% + 32.55) + \frac{1}{2} \times 3\,100 \times 40\% \times 50\% \right] \times 7\%$$
$$= 89.08 (万元)$$

建设期贷款利息 $= q_1 + q_2 = 32.55 + 89.08 = 121.63$（万元）

第3年初的累计借款 $= 3\,100 \times 50\% + 121.63 = 1\,671.63$（万元）

问题（2）：根据所给条件，按以下步骤编制建设项目还本付息表。

①建设期贷款利息累计到投产期，按年实际利率每年计息1次。

②本金偿还自第3年开始，按分6年等额偿还计算。即

每年应偿还本金 $=$ 第3年年初累计借款/还款期限

$= 1\,671.63/6 = 278.61$（万元）

③编制建设项目还本付息表，见表2.7。

表2.7　建设项目还本付息表　　　　　　　　　　　资金单位:万元

序号	年份	1	2	3	4	5	6	7	8
1	年初累计借款		962.55	1 671.63	1 393.02	1 114.41	835.80	557.19	278.58
2	本年新增借款	930	620						
3	本年应计利息	32.55	89.08	117.01	97.51	78.01	58.51	39.00	19.50
4	本年应还本金			278.61	278.61	278.61	278.61	278.61	278.58
5	本年应还利息			117.01	97.51	78.01	58.51	39.00	19.50

问题（3）：

固定资产残值 $=$ 固定资产余值 $= (3\,100 + 121.63) \times 5\% = 161.08$（万元）

固定资产年折旧额 $= (3\,100 + 121.63) \times (1 - 5\%)/8 = 382.57$（万元）

问题（4）：

①总成本费用 $=$ 经营成本 $+$ 折旧费 $+$ 维修费 $+$ 摊销费 $+$ 利息支出，则

第3年总成本费用 $= 2\,600 + 382.57 + 117.01 = 3\,099.58$（万元）

第4年总成本费用 $= 2\,600 + 382.57 + 97.51 = 3\,080.08$（万元）

第5年总成本费用 $= 2\,600 + 382.57 + 78.01 = 3\,060.58$（万元）

第6年总成本费用 $= 2\,600 + 382.57 + 58.51 = 3\,041.08$（万元）

第7年总成本费用 $= 2\,600 + 382.57 + 39.00 = 3\,021.57$（万元）

第8年总成本费用 $= 2\,600 + 382.57 + 19.50 = 3\,002.07$（万元）

第9、10年总成本费用 $= 2\,600 + 382.57 = 2\,982.57$（万元）

②所得税 $=$（营业收入 $-$ 总成本费用 $-$ 增值税附加税 $-$ 弥补以前年度亏损）× 所得税税率。

第3年增值税附加税 $= (3\,800 \times 13\% - 260) \times 10\% = 23.40$（万元）

第4年增值税附加税 $= (4\,320 \times 13\% - 260) \times 10\% = 30.16$（万元）

第5～10年增值税附加税 $= (5\,400 \times 13\% - 260) \times 10\% = 44.20$（万元）

第3年应纳所得税额 $= 3\,800 - 23.4 - 3\,099.58 - 930 - 620 = -872.98$（万元）$< 0$

第3年所得税 $= 0$

第4年所得税=(4 320-30.16-3 080.08-872.98)×25%=83.95(万元)

第5年所得税=(5 400-44.2-3 060.58)×25%=573.81(万元)

第6年所得税=(5 400-44.2-3 041.08)×25%=578.68(万元)

第7年所得税=(5 400-44.2-3 021.57)×25%=583.56(万元)

第8年所得税=(5 400-44.2-3 002.07)×25%=588.43(万元)

第9、10年所得税=(5 400-44.2-2 982.57)×25%=593.31(万元)

③编制自有资金现金流量表,见表2.8。

表2.8　自有资金(包括建设资金和流动资金)现金流量表　　　　资金单位:万元

序号	项目	建设期		运营期							
		1	2	3	4	5	6	7	8	9	10
1	现金流入			3 800	4 320	5 400	5 400	5 400	5 400	5 400	5 861.09
1.1	营业收入			3 800	4 320	5 400	5 400	5 400	5 400	5 400	5 400
1.2	回收固定资产余值										161.08
1.3	回收流动资金										300
2	现金流出	930	620	3 553.02	3 391.83	4 016.63	4 002	3 987.37	3 972.71	3 679.51	3 679.51
2.1	项目资本金	930	620	300							
2.2	借款本金偿还			278.61	278.61	278.61	278.61	278.61	278.58		
2.3	借款利息支付			117.01	97.51	78.01	58.51	39.00	19.50		
2.4	经营成本			2 600	2 600	2 600	2 600	2 600	2 600	2 600	2 600
2.5	应纳增值税			234	301.6	442	442	442	442	442	442
2.5.1	销项税			494	561.6	702	702	702	702	702	702
2.5.2	进项税			260	260	260	260	260	260	260	260
2.6	增值税附加税			23.4	30.16	44.2	44.2	44.2	44.2	44.2	44.2
2.7	所得税			0	83.95	573.81	578.68	583.56	588.43	593.31	593.31
3	所得税后净现金流量	-930	-620	246.98	928.17	1 383.37	1 398	1 412.63	1 427.29	1 720.49	2 181.58
4	累计净现金流量	-930	-1 550	-1 303.02	-374.85	1 008.52	2 406.52	3 819.15	5 246.44	6 966.93	9 148.51

问题(5):

$$静态投资回收期\ P_t=5-1+\frac{|-374.85|}{1\ 383.37}=4.27(年)$$

建设项目静态投资回收期 P_t 为 4.27 年,小于行业基准投资回收期 P_c = 8 年,说明该建设项目是可行的。

3)利润与利润分配表及财务评价计算要点。

利润与利润分配表及财务评价计算要点见表2.9。

表 2.9　利润与利润分配表及财务评价计算要点

利润与利润分配表结构		各项目计算要点
序号	项目	
1	营业收入	各年营业收入=设计生产能力×产品单价×当年生产负荷
2	总成本费用	总成本费用=经营成本+折旧费+摊销费+利息支出
3	增值税	增值税=当期销项税额−当期进项税额−可抵扣固定资产进项税额
3.1	销项税额	当期销项税额=销售额×税率
3.2	进项税额	当期进项税额为当期购进货物或者接受应税劳务支付或者负担的增值税额
4	增值税附加税	各年增值税附加税=当年增值税×增值税附加税率
5	补贴收入	与收益相关的政府补助
6	利润总额	1−2−3−4+5
7	弥补以前年度亏损	利润总额中用于弥补以前年度亏损的部分
8	应纳税所得额	6−7
9	所得税	8×所得税税率
10	净利润	6−9
11	期初未分配利润	上一年度末的未分配利润
12	可供分配的利润	10+11
13	提取法定盈余公积金	10×相应比例
14	可供投资者分配的利润	12−13
15	应付投资者各方股利	按约定比例计算,14×相应比例,亏损年份不计取
16	未分配利润	14−15
16.1	用于还款未分配利润	盈余年份,用于还款未分配利润=当年应还本金−折旧−摊销
16.2	剩余利润 (转下年度期初未分配利润)	16−16.1
17	息税前利润(EBIT)	6+当年利息支出
18	息税折旧摊销前利润	息税折旧摊销前利润=息税前利润+折旧+摊销

续表

利润与利润分配表结构		各项目计算要点
序号	项目	
	财务评价指标	①总投资收益率(ROI) = (EBIT/TI)×100% 式中　EBIT——项目正常年份的年息税前利润或运营期内年平均息税前利润; 　　　TI——项目总投资。 判别准则:总投资收益率≥行业收益率参考值,表明项目用该指标表示的盈利能力满足要求。 ②项目资本金利润率(ROE) = (NP/EC)×100% 式中　NP——项目正常年份的年净利润或运营期内年平均利润; 　　　EC——项目资本金。 判别标准:项目资本金净利润率≥行业净利润率参考值,表明项目用该指标表示的盈利能力满足要求。

【例 2.8】 利润与利润分配表的编制。

(1)某拟建项目建设期 1 年,运营期 5 年。建设投资总额 3 000 万元。预计形成固定资产 2 200 万元,其余形成无形资产。固定资产使用年限 8 年,残值率为 5%,固定资产余值在项目计算期末一次性收回。无形资产在运营期 5 年中均匀摊入成本。

(2)项目的投资、收益、成本等基础数据见表 2.10。

表 2.10　某建设项目资金投资、收益及成本表　　　　　　资金单位:万元

序号	项目	年份			
		1	2	3	4～6
1	建设投资 其中:资本金 　　　借款本金	1 500 1 500			
2	流动资金贷款		300		
3	年营业收入 (含销项税额)		2 500	3 500	5 000
4	年经营成本 其中:可抵扣进项税额		1 800 160	2 400 240	2 400 300

(3)建设期投资贷款合同规定的还款方式为:运营期内按等额本息偿还,贷款利率为 6%,按季计息;流动资金贷款利率为 5%,按年计息。

(4)增值税税率为 17%,增值税附加税率为 12%,所得税税率为 25%,法定盈余公积金按 10% 提取。

问题:

(1)计算建设期贷款利息、固定资产年折旧额和无形资产年摊销额。

（2）编制项目借款还本付息计划表。

（3）编制项目利润与利润分配表。（结果保留两位小数）

【解】问题（1）：

年实际利率 $=\left[\left(1+\dfrac{0.06}{4}\right)^4-1\right]\times100\%=6.14\%$

建设期贷款利息 $=1\,500\times0.5\times6.14\%=46.05$（万元）

固定资产年折旧额 $=(2\,200+46.05)\times(1-5\%)\div8=266.72$（万元）

无形资产年摊销额 $=(3\,000-2\,200)\div5=160$（万元）

问题（2）：运营期等额本息偿还，则

$(A/P,6.14\%,5)=\dfrac{i(1+i)^n}{(1+i)^n-1}=\dfrac{6.14\%\times(1+6.14\%)^5}{(1+6.14\%)^5-1}=0.238\,3$

各年应还本息 $=(1\,500+46.05)\times(A/P,6.14\%,5)=1\,546.05\times0.238\,3=368.42$（万元）

编制该项目借款还本付息计划表，见表2.11。

表2.11　某项目借款还本付息计划表　　　　　　　　　资金单位：万元

序号	项目	计算期					
		1	2	3	4	5	6
1	建设投资借款						
1.1	期初借款余额		1 546.05	1 272.56	982.28	674.17	347.14
1.2	当期还本付息		368.42	368.42	368.42	368.42	368.42
	其中：还本		273.49	290.28	308.11	327.03	347.11
	付息（6.14%）		94.93	78.14	60.31	41.39	21.31
1.3	期末借款余额	1 546.05	1 272.56	982.28	674.17	347.14	
2	流动资金借款						
2.1	期初借款余额		300.00	300.00	300.00	300.00	300.00
2.2	当期还本付息		15.00	15.00	15.00	15.00	315.00
	其中：还本						300.00
	付息（5%）		15.00	15.00	15.00	15.00	15.00
2.3	期末借款余额		300.00	300.00	300.00	300.00	
3	借款合计						
3.1	期初借款余额		1 846.05	1 572.56	1 282.28	974.17	647.14
3.2	当期还本付息		383.42	383.42	383.42	383.42	683.42
	其中：还本		273.49	290.28	308.11	327.03	647.11
	付息		109.93	93.14	75.31	56.39	36.31
3.3	期末借款余额	1 546.05	1 572.56	1 282.28	974.17	647.14	0.00

问题（3）：计算各年总成本费用。

总成本费用=经营成本+折旧费+摊销费+利息支出

第 2 年总成本费用=1 800+266.72+160+109.93=2 336.65(万元)

第 3 年总成本费用=2 400+266.72+160+93.14=2 919.86(万元)

第 4 年总成本费用=2 400+266.72+160+75.31=2 902.03(万元)

第 5 年总成本费用=2 400+266.72+160+56.39=2 883.11(万元)

第 6 年总成本费用=2 400+266.72+160+36.31=2 863.03(万元)

编制该项目利润与利润分配表,见表 2.12。

表 2.12　某项目利润与利润分配表　　　　　　　　　　　　　资金单位:万元

序号	项目	运营期				
		2	3	4	5	6
1	营业收入 (含销项税额)	2 500	3 500	5 000	5 000	5 000
2	总成本费用	2 336.65	2 919.86	2 902.03	2 883.11	2 863.03
3	增值税	203.25	268.55	426.50	426.50	426.50
3.1	销项税额	363.25	508.55	726.50	726.50	726.50
3.2	进项税额	160	240	300	300	300
4	增值税附加税	24.39	32.23	51.18	51.18	51.18
5	补贴收入					
6	利润总额 (1−2−3−4+5)	−64.29	279.36	1 620.29	1 639.21	1 659.29
7	弥补以前年度亏损		64.29			
8	应纳税所得额(6−7)		215.07	1 620.29	1 639.21	1 659.29
9	所得税(8×25%)		53.77	405.07	409.80	414.82
10	净利润(6−9)	−64.29	225.59	1 215.22	1 229.41	1 244.47
11	提取法定盈余 公积金(10×10%)	0.00	22.56	121.52	122.94	124.45
12	息税前利润 (6+当年利息)	45.64	372.50	1 695.60	1 695.60	1 695.60

【例 2.9】项目总成本费用表的编制。

(1)某拟建项目建设期 1 年,运营期 5 年。建设投资总额 2 600 万元。预计形成固定资产 2 200 万元,其余形成无形资产。固定资产使用年限 8 年,残值率为 4%,固定资产余值在项目计算期末一次性收回。无形资产在运营期 5 年中均匀摊入成本。

(2)项目的投资、成本等基础数据见表 2.13。

表2.13　某建设项目资金投资、收益及成本表　　　　资金单位:万元

序号	项目	年份			
		1	2	3	4—6
1	建设投资 　其中:资本金 　借款本金	1 000 1 600			
2	流动资金 　其中:资本金 　借款本金			200 100	300
3	年经营成本 　其中:可抵扣进项税额		1 200 150	2 100 240	2 100 240

（3）建设期投资借款合同规定的还款方式为:运营期前4年等额还本,利息照付;贷款利率为6%,按年计息;流动资金贷款利率为5%,按年计息。

问题:

（1）编制项目借款还本付息计划表。

（2）编制项目总成本费用估算表。（结果保留两位小数）

【解】　问题（1）:

项目建设期贷款1 600万元,则建设期贷款利息为:

$$1\ 600 \times 0.5 \times 6\% = 48(万元)$$

第2年初累计借款为:

$$1\ 600 + 48 = 1\ 648(万元)$$

运营期前4年等额还本,利息照付,则各年等额偿还本金为:

$$1\ 648 \div 4 = 412(万元)$$

编制该项目借款还本付息计划表,见表2.14。

表2.14　某项目借款还本付息计划表　　　　资金单位:万元

序号	项目	计算期					
		1	2	3	4	5	6
1	建设投资借款						
1.1	期初借款余额		1 648.00	1 236.00	824.00	412.00	
	当期还本付息		510.88	486.16	461.44	436.72	
1.2	其中:还本		412.00	412.00	412.00	412.00	
	付息(6%)		98.88	74.16	49.44	24.72	
1.3	期末借款余额	1 648.00	1 236.00	824.00	412.00		
2	流动资金借款						
2.1	期初借款余额		100.00	400.00	400.00	400.00	400.00

续表

序号	项目	计算期					
		1	2	3	4	5	6
2.2	当期还本付息		5.00	20.00	20.00	20.00	420.00
	其中:还本						400.00
	付息(5%)		5.00	20.00	20.00	20.00	20.00
2.3	期末借款余额		100.00	400.00	400.00	400.00	
3	借款合计						
3.1	期初借款余额		1 748.00	1 636.00	1 224.00	812.00	400.00
3.2	当期还本付息		515.88	506.16	481.44	456.72	420.00
	其中:还本		412.00	412.00	412.00	412.00	400.00
	付息		103.88	94.16	69.44	44.72	20.00
3.3	期末借款余额	1 648.00	1 336.00	1 224.00	812.00	400.00	0.00

问题(2):根据总成本费用的构成列出总成本费用估算表的费用名称,见表2.15。

计算固定资产折旧费和无形资产摊销费:

固定资产折旧费=[(固定资产投资+建设期利息)×(1-残值率)]÷使用年限

$$=[(2\ 200+48)×(1-4\%)]÷8$$

$$=269.76(万元)$$

无形资产摊销费=无形资产÷使用年限=(2 600-2 200)÷5=80(万元)

表2.15　某项目总成本费用估算表　　　　　　　　　　　　　资金单位:万元

序号	项目	运营期				
		2	3	4	5	6
1	经营成本	1 200	2 100	2 100	2 100	2 100
2	折旧费	269.76	269.76	269.76	269.76	269.76
3	摊销费	80	80	80	80	80
4	建设投资贷款利息	98.88	74.16	49.44	24.72	
5	流动资金贷款利息	5.00	20.00	20.00	20.00	20.00
6	总成本费用	1 653.64	2 543.92	2 519.20	2 494.48	2 469.76
	其中:可抵扣进项税额	150	240	240	240	240

【做一做】若增值税税率17%,增值税附加税率为12%,所得税税率为25%,法定盈余公积金按10%提取,请完成项目的利润与利润分配表(见表2.16)。

表2.16　某项目利润与利润分配表　　　　　资金单位:万元

序号	项目	运营期				
		2	3	4	5	6
1	营业收入(含销项税额)	1 900	3 000	4 000	4 000	4 000
2	总成本费用					
3	增值税					
3.1	销项税额					
3.2	进项税额					
4	增值税附加税					
5	补贴收入					
6	利润总额(1-2-3-4+5)					
7	弥补前年度亏损					
8	应纳税所得额(6-7)					
9	所得税(8×25%)					
10	净利润(6-9)					
11	法定盈余公积金(10×10%)					
12	息税前利润(6+当年利息)					

4)盈亏平衡分析

盈亏平衡分析是在一定市场、生产能力及经营管理条件下(即假设在此条件下生产量等于销售量),计算分析产量、成本、利润之间的平衡关系,确定盈亏平衡点,用以判断项目对市场需求变化适应能力和抗风险能力的一种不确定性分析方法,亦称损益平衡分析或量本利分析。盈亏平衡点是指项目的盈利和亏损的临界点,即当项目达到一定产量(销售量)时,项目收入等于总成本,项目处于不盈不亏状态,即利润为零的点。

$$总收益(TR)=总成本(TC)$$

$$P(1-t)Q = F + QV$$

式中　P——单位产品售价;

t——单位产品销售税金及附加税率;

Q——销售量或生产量;

F——固定成本;

V——单位产品可变成本。

盈亏平衡点计算如下:

①产量盈亏平衡点:

$$Q^* = \frac{F}{P(1-t)-V}$$

产量盈亏平衡点越低表明项目的抗风险能力越强。

②单价盈亏平衡点：

$$P^* = \frac{F + QV}{Q(1 - t)}$$

单价盈亏平衡点越低表明项目的抗风险能力越强，通常与产品的预测价格比较，可计算出产品的最大降价空间。

③固定成本盈亏平衡点：

$$F^* = P(1 - t)Q - QV$$

④单位可变成本盈亏平衡点：

$$V^* = \frac{P(1 - t)Q - F}{Q}$$

固定成本和单位可变成本的盈亏平衡点越高表明项目的抗风险能力越强，可计算出成本上升的最大幅度。

【例2.10】盈亏平衡分析。

某新建项目正常年份的设计生产能力为某产品120万件，年固定成本为600万元，每件产品不含税销售价预计为60元，增值税税率为17%，增值税附加税率为12%，单位产品可变成本估算额为50元（含可抵扣进项税额8元）。

问题：

(1)对项目进行盈亏平衡分析，计算项目的产量盈亏平衡点和单价盈亏平衡点。

(2)在市场销售良好的情况下，正常生产年份的最大可能盈利额是多少？

(3)在市场销售不良的情况下，企业欲保证年利润200万元的年产量应为多少？

(4)在市场销售不良的情况下，企业将产品的市场价格由60元降低10%销售，企业欲保证年利润100万元的年产量应为多少？

(5)从盈亏平衡分析角度判断该项目的可行性。（结果保留两位小数）

【解】问题(1)：

项目的产量盈亏平衡点和单价盈亏平衡点计算如下：

$$Q^* = \frac{F}{P(1 - t) - V} = \frac{600}{60-(60×17\%-8)×12\%-42}$$

$$= 33.83(万件)$$

$$[P^* - (P^* × 17\% - 8) × 12\%]×120 = 600+120×42$$

$$120P^* - 120×17\%×12\%P^* + 120×8×12\% = 600+120×42$$

$$P^* = \frac{600 + 120 × 42 - 120 × 8 × 12\%}{120 × (1 - 17\% × 12\%)} = 47.00(元/件)$$

问题(2)：

在市场销售良好的情况下，正常生产年份的最大可能盈利额为：

最大可能盈利额=正常年份总收益额-正常年份总成本

$\qquad$ =设计生产能力×单价-年固定成本-设计生产能力×(单位产品

$\qquad$ 可变成本+单位产品增值税×增值税附加税率)

$\qquad$ = 120×60-600-120×[42+(60×17\%-8)×12\%]

$\qquad$ = 1 528.32(万元)

问题(3)：

在市场销售不良的情况下，每年欲获 200 万元利润的最低年产量为：

$$产量盈亏平衡点 = \frac{600 + 200}{60 - (60 \times 17\% - 8) \times 12\% - 42} = 45.11(万件)$$

问题(4)：

在市场销售不良的情况下，为了促销，产品市场价格由 60 元降低 10%，还要维持每年 100 万元利润额的年产量应为：

$$产量盈亏平衡点 = \frac{600 + 100}{54 - (54 \times 17\% - 8) \times 12\% - 42} = 59.03(万件)$$

问题(5)：

根据上述计算结果分析如下：

①本项目产量盈亏平衡点为 33.83 万件，而项目的设计生产能力为 120 万件，远大于盈亏平衡产量，可见项目盈亏平衡产量仅为设计生产能力的 28.19%。因此，该项目盈利能力和抗风险能力较强。

②本项目单价盈亏平衡点为 47.00 元/件，而项目的预测单价为 60 元/件，高于盈亏平衡点单价。在市场销售不良的情况下，为了促销，产品市场价格降低在 21.67% 以内仍可保本。

③在市场销售不良的情况，单位产品价格即使压低 10%，只要年产量和年销售量达到设计生产能力的 49.19%，每年仍能盈利 100 万元，因此该项目获利机会大。

综上所述，从盈亏平衡分析角度判断该项目可行。

练习题

1. 单选题

(1)某建设项目投资形成固定资产 900 万元，项目运营 5 年，固定资产使用年限为 8 年，期末残值为 180 万元，固定资产余值在项目计算期末一次性收回，则固定资产余值为(　　)万元。

    A. 450　　　　　B. 500　　　　　C. 400　　　　　D. 600

(2)下列项目中，不属于项目投资现金流量表中现金流出的是(　　)。

    A. 自有资金　　　　　　　B. 经营成本

    C. 借款本金偿还　　　　　D. 借款利息支出

(3)2019 年已建成年产 10 万 t 的某钢厂，其投资额为 4 000 万元，2023 年拟建生产 50 万 t 的钢厂项目，建设期为 2 年。自 2019 年至 2023 年每年平均造价指数递增 4%，预计建设期 2 年平均造价指数递减 5%，估算拟建钢厂的静态投资额为(　　)万元(生产能力指数 n 取 0.8)。

    A. 16 958　　　B. 16 815　　　C. 14 496　　　D. 15 304

(4)已知某项目建设期末贷款本息和为 800 万元，按照贷款协议，运营期第 2~4 年采用等额还本付息方式全部还清，已知贷款年利率为 6%，则该项目运营期的第 3 年应偿还的本息和为(　　)万元。

　　A.214.67　　B.317.25　　C.299.29　　D.333.55

　　(5)已知某项目建设期末贷款本利和累计为 1 200 万元,按照贷款协议,采用等额还本付息方式分 4 年还清,已知贷款年利率为 6% ,则第 2 年还本付息总额为(　　)万元。

　　A.348.09　　B.354.00　　C.372.00　　D.900.00

　　(6)与总成本相比,下列不属于经营成本的是(　　)。

　　A.摊销费　　B.直接工资　　C.制造费用　　D.销售费用

　　(7)某项目投产后的年产值为 1.5 亿件,某同类企业的百件产量流动资金占用额为 17.5 元,则该项目的流动资金估算额为(　　)万元。

　　A.857　　B.8.57　　C.2 625　　D.26.25

　　(8)某新建项目,建设期 4 年,分年均衡进行贷款,第一年贷款 1 000 万元,以后各年贷款均为 500 万元,年贷款利率为 6% ,建设期内利息只计息不支付,该项目建设期贷款利息为(　　)万元。

　　A.76.80　　B.106.80　　C.366.30　　D.389.35

　　(9)某新建项目,建设期 4 年,分年均衡进行贷款,第一年贷款 1 000 万元,以后各年贷款均为 500 万元,年贷款利率为 6% ,建设期内利息只计息不支付,该项目建设期贷款利息为(　　)万元。

　　A.76.80　　B.106.80　　C.366.30　　D.389.35

2. 多选题

　　(1)下列关于现金流量表中资金回收部分的现金流入描述正确的是(　　)。

　　A.固定资产余额回收和流动资金回收均在计算期最后一年

　　B.固定资产余额的回收额是正常生产年份固定资产的占用额

　　C.固定资产余额的回收额为固定资产折旧估算表中最后一年的固定资产期末净值

　　D.流动资金回收额为项目正常生产年份流动资金的占用额

　　E.流动资金回收额为项目垫底的流动资金额

　　(2)基本预备费是指初步设计及概算内难以预料的工程费用,其计算以(　　)为基础。

　　A.建设期利息

　　B.设备及工器具购置费

　　C.建筑安装工程费

　　D.固定资产投资方向调节税

　　E.工程建设其他费

3. 案例题

　　(1)某项目静态投资为 3 000 万元,建设前期为 1 年,建设期为 2 年,第一年投资计划额为 1 200 万元,第二年为 1 800 万元,建设期内平均价格变动率预测为 6% ,试估算该项目建设期的价差预备费。

　　(2)某建设项目的工程费与工程建设其他费的估算额为 52 180 万元,预备费为 5 000 万元,项目无投资方向调节税,建设期 3 年,3 年的投资比例是:第 1 年 20% ,第 2 年 55% ,第 3 年 25% ,第 4 年投产。该项目固定资产投资来源为自有资金和贷款。贷款总额为 40 000 万元,其中贷款的人民币部分 20 910 万元从中国建设银行获得,年利率为 12.48%(按季计息)。请估算人民币贷款利息合计额。

(3)某地 2023 年拟建一座污水处理能力为 15 万 m³/日的污水处理厂。根据调查,该地区 2019 年建设的污水处理能力为 10 万 m³/日的污水处理厂,其建设投资为 16 000 万元。拟建污水处理厂的工程条件与 2019 年已建项目类似,综合调整系数为 1.5,请估算该项目的建设投资。

(4)某地 2023 年拟建一年产 20 万 t 化工产品项目。根据调查,该地区 2021 年建设的年产 10 万 t 相同产品项目的投资额为 5 000 万元。生产能力指数为 0.6,2021 年至 2023 年工程造价平均每年递增 10%。请估算该项目的建设投资。

(5)某项目固定资产投资 3 000 万元(不含建设期利息)。建设期利息 100 万元,项目形成无形资产 300 万元,折旧期 10 年,生产期 8 年,残值率为 5%,回收固定资产余值是多少万元?

(6)已知某项目建设期 2 年,第一年借款 400 万元,第二年借款 600 万元,利率 10%,借款在生产期前 6 年等额偿还,请填写还本付息计划表,见表 2.17。

表 2.17 还本付息计划表　　　　资金单位:万元

项目	建设期		生产期					
	1	2	3	4	5	6	7	8
1.1 期初借款余额								
1.2 当期还本付息								
付息								
还本								
1.3 期末借款余额								

(7)某新建项目正常年份的设计生产能力为 100 万件,年固定成本为 400 万元,每件产品不含税销售价预计为 60 万元,增值税税率为 17%,增值税附加税率为 6%,单位产品的可变成本估算额为 40 元(含可抵扣进项税额 6 元)。

问题:

①对项目进行盈亏平衡分析,计算项目的产量盈亏平衡点和单价盈亏平衡点。

②在市场销售良好的情况下,正常年份的最大可能盈利额是多少?

③在市场销售不良的情况下,企业欲保证能获年利润 120 万元的年产量应为多少?

④在市场销售不良的情况下,为了促销,产品的市场价格由 60 元降低 10% 销售时,企业欲保证能获年利润 60 万元的年产量应为多少?

⑤从盈亏平衡分析角度判断该项目的可行性。

(8)某企业拟建一个生产性项目,以生产国内某种急需的产品。该项目的建设期为 2 年,运营期为 7 年。预计建设期投资 800 万元并全部形成固定资产(包括可抵扣固定资产进项税额 100 万元)。固定资产使用年限 10 年,运营期末残值为 50 万元,按照直线法折旧。

该企业于建设期第 1 年投入项目资本金 380 万元,建设期第 2 年投入项目资本金 420 万元,项目第 3 年投产。投产当年又投入资本金 200 万元作为流动资金。

　　运营期,正常年份每年的营业收入为 700 万元(其中销项税额为 110 万元),经营成本为 300 万元(其中进项税额为 30 万元),增值税附加税按应纳增值税的 10% 计算,所得税税率为 25%,行业基准收益率为 10%,基准投资回收期为 7 年。

　　投产的第 1 年生产能力仅为设计生产能力的 70%,为简化计算,这一年的营业收入、经营成本和所含进项税额均按正常年份的 70% 估算。投产的第 2 年及其以后的各年生产均达到设计生产能力。

　　请计算该项目的投资回收期。

模块 3
设计阶段造价计价控制

【学习目标】

- 掌握设计方案技术经济评价方法；
- 了解价值工程在设计方案成本控制中的应用；
- 掌握设计概算的编制方法。

【情景导入】

港珠澳大桥珠澳口岸人工岛填海工程总平面优化设计

工程概况：

港珠澳大桥连接香港、珠海、澳门三地，是一个大型的跨海工程，其常规通行必须设置可供三地进行查验的口岸，解决出入境货物以及过境旅客的边防、海关检查以及检查检疫等一系列问题。因此，澳门珠海侧珠澳口岸人工岛（图 3.1）和香港侧香港口岸人工岛的建设是港珠澳大桥顺利通车的前提。

图 3.1 港珠澳大桥珠澳口岸人工岛

珠澳口岸人工岛填海工程填海面积为 208.87×10⁴ m²,护岸长度为 6 079.344 m,陆域回填料总量为 2 163.6×10⁴ m³,规模巨大,国内少见。

工可总平面设计:

港珠澳大桥珠澳口岸人工岛设置总体方案如图 3.2 所示。合并后的口岸人工岛是大桥主体工程与珠、澳两地的衔接中心,包括 3 个衔接区:大桥主体工程与口岸衔接区(大桥主体工程与口岸通过桥梁衔接)、口岸与珠海接线衔接区(口岸与珠海接线通过隧道衔接)以及口岸与澳门接线衔接区(口岸与澳门接线通过桥梁衔接)。

图 3.2 港珠澳大桥珠澳口岸人工岛工可总平面

口岸人工岛分为 4 个主要区域,分别是大桥主体工程管理区(21.45×10⁴ m²)、珠海接线衔接区(15.34×10⁴ m²)、珠海口岸管理区(103.78×10⁴ m²)和澳门口岸管理区(71.65×10⁴ m²)。口岸人工岛总用地面积为 212.22×10⁴ m²,护岸总长 8 256 m。其中,AB 段为南护岸,长度 1 053 m;BC 段为东护岸,长度 2 431 m;CD 段为北护岸,长度 2 172 m;AD 段为西护岸,长度 2 600 m。

对工可总平面设计的分析:

港珠澳大桥建设导致伶仃洋的阻水系数增加一直是各方都十分关注的问题,有关主管部门一直强调需要将阻水系数控制在 10% 以内。工程从珠海接线人工岛至桥头人工岛东西向距离约 2 440 m,阻水横断面相当巨大。其中,珠海接线人工岛东西长 1 000 m,岛体本身东西长 1 000 m,桥头人工岛东西长 440 m,即珠海接线人工岛的阻水横断面约占工程的 41%。珠海接线人工岛向西北外伸,犹如一道拦水大坝东西横跨在澳门明珠和口岸人工岛之间,将使此处的潮流涨落绕"S"形弯道出入。另外,澳门政府规划在明珠对开海域进行大规模围海造地(图 3.2 中阴影为规划澳门填海区),该陆域形成后,澳门明珠的新岸线将与口岸人工岛西护岸、珠海接线人工岛南护岸一起构成一条长 2 500 m、宽仅约 150 m 的反 L 形"河道"。该"河道"北侧人工岛与大陆互为咬合,阻水效应大增,潮流动力进一步减弱,水体交换困难,将不可避免地出现严重淤积现象。

通过对工可总平面设计的分析,发现工可总平面设计的主要问题是珠海接线人工岛与澳门明珠互相咬合封闭了珠澳口岸人工岛与澳门之间的水体通道,放大了珠澳口岸人工岛的阻水效应,注意到澳门明珠陆域天然地向海侧(东侧)突出。平面优化的主要思路为:利用澳门明珠陆域东侧突出的地形地貌特征,将珠海侧接线人工岛由珠澳口岸主岛切出,"躲藏"于澳门明珠陆域北侧供隧道穿出,珠海侧接线人工岛与珠澳口岸主岛之间采用透空桥梁连接,减少阻水率。具体调整为:在珠海连接线的总体设计线路和平面不做改变的前提下,隧道出口专用半岛紧贴珠海拱北陆域布置,其外伸长度基本与澳门明珠现有的最东侧海岸线齐平,接线人工岛被透空式跨海桥梁替代。工可平面 AB 段(图 3.2)原本考虑过水,但其南侧紧邻澳门明珠,过水效果不大,现改为隧道出口专用半岛。工可平面 BC 段为阻水断面,现改为透空桥梁,实现畅通过水。如澳门政府不实施明珠东侧的围海造地工程,优化平面将能确保人工岛与澳门之间宽约 1 km 的海域南北通畅,减少了人工岛实施后对海区潮流动力、岸滩演变的影响。如果实施围海造地,优化平面也能基本保证人工岛与澳门之间宽约150 m的畅顺"河道",明显有利于水体的交换。

以上调整可否实现的关键是贯穿拱北口岸和珠海接线半岛的隧道纵断面方案是否可行。为此,对调整后的珠海接线进行总体线路和平面线位分析及纵断面设计。

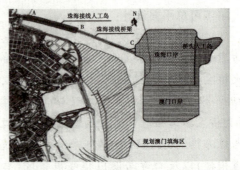

图3.3 港珠澳大桥珠澳口岸人工岛优化平面

总体线路和平面线位:

原珠海侧接线的路线走向、平面线位维持不变,仍然采用隧道方式下穿拱北口岸并穿过海岸线。紧邻海岸新建长约940 m的人工半岛供隧道出水,将原来为隧道穿出地面而设置的接线人工岛改为透空桥(约1 000 m)(图3.3)。

纵断面设计:

路线纵断面设计需综合考虑工程所在地的地质条件、拱北口岸和澳门口岸大楼桩基础和隧道长度等因素。珠海侧接线设计纵坡采用了相关规范推荐的较大值4%(珠海市陆侧),以0.5%的缓坡穿过口岸大楼进入海域后以不大于3%(珠海接线半岛)的纵坡到达人工岛高程位置。纵断面设计方案表明珠澳口岸人工岛优化平面设计对珠海侧接线的调整是切实可行的,为后续珠海侧接线设计提供了扎实的基础。

初步设计阶段委托相关科研单位分别对原工可平面和优化后平面开展了潮流、泥沙数学模型试验,研究报告得出如下结论:方案2(优化方案)出现环流和弱流区最小,人工岛两侧水流也比较顺直通畅,采用实堤和栈桥方式与人工岛连接,其中实堤部分对水流的影响仍控制在现状澳门海岸线影响范围内,工程后冲淤变化也不会太明显,影响范围最小,因此方案优势明显,可作为首选方案。数模试验结果证明了优化平面降低阻水率对局部潮流动力的改善作用。

综上所述,优化后的平面方案具有以下优势:

①经与工可平面比较,优化平面可以使人工岛阻水横断面减少约900 m(占阻水横断面总长的37%),降低了各方关注的人工岛阻水率,改善了局部潮流动力条件。

②优化平面缩短了隧道长度,替代常规施工方法的桥梁,节省了珠海侧接线的工程费用。

③珠海侧接线采用桥梁登岛,降低了人工岛建设与侧接线的衔接难度,有利于保证施工工期。

④从珠海现有岸线向东填筑半岛作为隧道出口,将原来的水上施工改变成陆上施工,不仅节省投资,也有利于保证工程质量和工期,对全线工程的按时顺利通车创造了有利条件。

港珠澳大桥珠澳口岸人工岛工程初步设计提出的优化平面方案与原平面方案相比降低了各方关注的人工岛阻水率,同时,以连陆人工半岛+透空桥梁方式形成珠海侧接线,与原方案人工岛+隧道方式相比具有施工难度低、工程造价省和施工工期短等优点。

资料来源:孙英广,梁桁.港珠澳大桥珠澳口岸人工岛填海工程总平面优化设计[J].水运工程,2012(04).

【本章内容】

工程项目建设是一项复杂而长期的系统工程,需要经历多个阶段才能最终完成。不同阶段造价控制对投资的影响程度如图 3.4 所示。从图 3.4 可以看出,影响项目投资最大的阶段是约占工程项目建设周期 1/4 的技术设计前的工作阶段。在初步设计阶段,影响项目投资的可能性为 75% ~95% ;在技术设计阶段,影响项目投资的可能性为 35% ~75% ;在施工图设计阶段,影响项目投资的可能性为 5% ~35% 。很显然,项目投资控制的重点在于施工以前的投资决策和设计阶段。

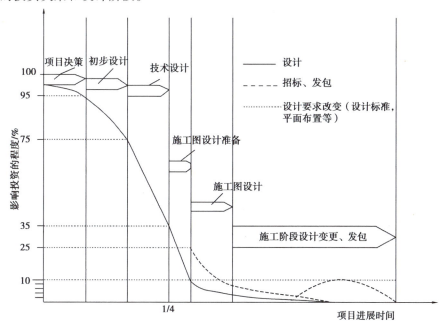

图 3.4 不同阶段造价控制对投资的影响程度

3.1 概述

3.1.1 工程设计及施工方案的技术经济评价内容

1)工程设计

工程设计是具体实现技术与经济对立统一的过程,是确定与控制工程造价的重点阶段。在总平面设计、建筑空间平面设计、建筑结构与建筑材料的选择、工艺技术方案以及设备的选型与设计等过程中,要加强技术经济分析和多方案的比较选择,从而实现设计产品技术先进、稳妥可靠、经济合理。

2)工程施工方案的技术经济评价内容

工程施工方案是指工程施工中的施工方法及相应的技术组织措施。对施工方案进行技术经济分析的目的在于论证所编制的施工方案在技术上是否可行、在经济上是否合理,并且在保证施工质量的前提下,选择出最优的施工方案,并寻求节约造价的途径。

在对施工方案进行技术经济分析时,分析的主要内容为工期、质量和造价三者之间的关系,应使施工方案在保证质量达到合同要求的前提下,工期合理,造价节约,为工程实施提供积极可靠的控制目标。质量、造价、工期三者之间是对立统一的关系。我们对建设项目的主观愿望是同时达到质量好、造价低、工期短,但这种理想目标实际上是较难实现的。由项目的这三大目标组成的目标系统,是一个相互制约、相互影响的统一体,其中任何一个目标变化,都势必引起另外两个目标的变化,并受到它们的影响和制约。强调造价和质量,工期就不应要求过严;强调造价和工期,质量就不能要求过严;强调质量和工期,造价就不能要求过严。因此,在制订施工方案技术经济分析指标时,应先对各种客观因素和执行人可以采取的可能行动及这些行动产生的可能后果进行综合研究,实事求是地确定一套切实可行的衡量标准,具体情况具体分析,才能最终确定出最佳施工方案。

3.1.2　设计、施工方案评价原则

《建设项目经济评价方法与参数》(第三版)要求:建设项目可行性研究阶段的经济评价,应系统分析、计算项目的效益和费用,通过多方案经济比选推荐最佳方案,对项目建设的必要性、财务可行性、经济合理性、投资风险等进行全面的评价。由此,作为寻求合理的经济和技术方案的必要手段——设计方案评价、比选,应遵循如下原则:

①建设项目设计方案评价、比选要协调好技术先进性和经济合理性的关系。即在满足设计功能和采用合理先进技术的条件下,尽可能降低投入。

②建设项目设计方案评价、比选除考虑一次性建设投资的比选,还应考虑项目运营过程中的费用比选,即项目寿命期的总费用比选。

③建设项目设计方案评价、比选要兼顾近期与远期的要求。即建设项目的功能和规模应根据国家和地区远景发展规划,适当留有发展余地。

3.2　设计、施工方案综合评价方法

3.2.1　价值工程

1)价值工程的概念及特点

(1)价值工程的概念

价值工程是以提高产品或作业价值为目的,通过有组织的创造性工作,寻求用最低的寿命周期成本,可靠地实现使用者所需功能的一种管理技术。价值工程中所述的"价值"是指作为某种产品(或作业)所具有的功能与获得该功能的全部费用的比值。它不是对象的使用价值,也不是对象的经济价值和交换价值,而是对象的比较价值。这种对比关系用公式表示为:

$$V = \frac{F}{C}$$

式中　V——研究对象的价值;

F——研究对象的功能；

C——研究对象的成本，即寿命周期成本。

（2）价值工程的特点

价值工程具有以下几个特点：

①价值工程的目标是以最低的寿命周期成本，使产品具备它所必须具备的功能。产品的寿命周期成本由生产成本和使用及维护成本组成。

②价值工程的核心是对产品进行功能分析。价值工程分析产品，首先不是分析其结构而是分析其功能，即产品的效用。在分析功能的基础上，再去研究结构、材质等问题。

③价值工程将产品价值、功能和成本作为一个整体同时进行考虑。也就是说，价值工程中对价值、功能、成本的考虑不是片面和孤立的，而是在确保产品功能的基础上综合考虑生产成本和使用成本，兼顾生产者和使用者的利益，从而创造出总体价值最高的产品。

④价值工程强调不断改革和创新，开拓新构思和新途径，获得新方案，创造新功能体，从而简化产品结构，节约原材料，节约能源，绿色环保，提高产品的技术经济效益。

⑤价值工程要求将功能定量化，即将功能转化为能够与成本直接相比的量化值。

⑥价值工程是以集体的智慧开展的有计划、有组织的管理活动。开展价值工程活动的过程中涉及各个部门的各方面人员。在他们之间，要沟通思想、交换意见、统一认识、协调行动，要步调一致地开展工作。

2）功能评价

功能评价即评定功能的价值，是指找出实现功能的最低费用作为功能的目标成本（称为功能评价值），以功能的目标成本为基准，通过与功能现实成本比较，求出两者的比值（功能价值）和两者的差异值（改善期望值），然后选择功能价值低、改善期望值大的功能作为价值工程活动的重点对象。功能评价工作可以更准确地选择价值工程研究对象，同时制定目标成本，有利于提高价值工程的工作效率，增强工作人员的信心。

（1）功能现实成本 C 的计算

功能现实成本的计算与一般传统成本核算最大的不同在于：功能现实成本的计算是以对象的功能为单位，而传统成本核算是以产品或零部件为单位，因此，在计算功能现实成本时，就要按照评价对象的功能对应的实际成本来确定，且现实成本包括生产成本和维护成本，即为寿命周期成本。功能现实成本指数的计算公式为：

$$第\,i\,个评价对象的成本指数\ C_I = \frac{第\,i\,个评价对象的现实成本\ C_i}{全部成本}$$

（2）功能评价值 F 的计算

功能的现实成本较易确定，而功能评价值较难确定。求功能评价值的方法较多，这里仅介绍功能重要性系数评价法。

功能重要性系数又称为功能评价系数或功能指数，是指评价对象（如零部件等）的功能在整体功能中所占的比率。其计算公式为：

$$第\,i\,个评价对象的功能指数\ F_I = \frac{第\,i\,个评价对象的功能得分值\ F_i}{全部功能得分值}$$

确定功能重要性系数的关键是对其功能打分，这里主要介绍强制评分法（01 评分法和

04 评分法)和环比评分法。

①01 评分法。01 评分法是请 5~15 名对产品熟悉的人员参加功能的评价,首先按照功能重要程度一一对比打分,重要的打 1 分,相对不重要的打 0 分,对象(零部件)自己与自己相比不得分,用"×"表示。为避免不重要的功能得零分,可将各功能累计得分加 1 分进行修正,用修正后的总分分别去除各功能累计得分即得到功能重要性系数。01 评分法功能重要性系数计算见表3.1。

表3.1　功能重要性系数计算表(01 评分法)

零部件	A	B	C	D	E	功能总分	修正得分	功能重要性系数
A	×	1	1	0	1	3	4	0.267
B	0	×	1	0	1	2	3	0.200
C	0	0	×	0	1	1	2	0.133
D	1	1	1	×	1	4	5	0.333
E	0	0	0	0	×	0	1	0.067
合计						10	15	1.000

②04 评分法。04 评分法将分档扩大为 4 级,F_i 与 F_j 相比较:F_i 很重要得 4 分,F_j 不重要得 0 分;F_i 较重要得 3 分,F_j 较不重要得 1 分;F_i 与 F_j 同等重要,各得 2 分;F_i 较不重要得 1 分,F_j 较重要得 3 分;F_i 不重要得 0 分,F_j 很重要得 4 分。04 评分法功能重要性系数计算见表3.2。

表3.2　功能重要性系数计算表(04 评分法)

零部件	F_1	F_2	F_3	F_4	F_5	功能总分	功能重要性系数
F_1	×	0	0	4	4	8	0.200
F_2	4	×	3	4	3	14	0.350
F_3	4	1	×	3	3	11	0.275
F_4	0	0	1	×	2	3	0.075
F_5	0	1	1	2	×	4	0.100
合计						40	1.000

③环比评分法。使用要点:首先,对上下相邻两项功能的重要性进行对比打分,所打的分数作为暂定重要性系数,如表3.3 中的第 2 列数据。F_1 的重要性是 F_2 的 1.5 倍,F_2 的重要性是 F_3 的 2.0 倍,F_3 的重要性是 F_4 的 3.0 倍。然后,将最下面一项功能 F_i 的重要性系数定为 1.0,依次向上类推,对暂定重要性系数进行修正,如表3.3 中的第 3 列数据。F_4 的重要性系数定为 1.0,称为修正重要性系数,由第 2 列数据可知,F_3 的暂定重要性是 F_4 的 3.0 倍,故 F_3 的修正重要性系数为 3.0(=3.0×1.0),而 F_2 为 F_3 的 2 倍,故 F_2 定为 6.0(=3.0×2.0),同理,F_1 的修正重要性系数为 9.0(=6.0×1.5);最后,修正后的重要性系数作为分子,

修正重要性系数之和作为分母,其比值称为第 i 个评价对象的权重(或功能重要性系数)。

表 3.3　功能重要性系数计算表(环比评分法)

功能区	功能重要性评价		
	暂定重要性系数	修正重要性系数	功能重要性系数
F_1	1.5	9.0	9/19=0.47
F_2	2.0	6.0	6/19=0.32
F_3	3.0	3.0	3/19=0.16
F_4		1.0	1/19=0.05
合计		19.0	1.00

(3)功能价值 V 的计算及分析

功能评价值计算出来以后需要进行分析,以揭示功能与成本的内在联系,确定评价对象是否为功能改进的重点,以及其功能改进的方向及幅度,为后面的方案创新工作打下良好的基础。功能价值 V 的计算方法可分为两大类:功能成本法和功能指数法。

①功能成本法中功能价值的计算及分析。

在功能成本法中,功能价值用价值系数 V_i 来衡量,其计算公式为:

$$\text{第 } i \text{ 个评价对象的价值系数 } V_i = \frac{\text{第 } i \text{ 个评价对象的功能评价值 } F_i}{\text{第 } i \text{ 个评价对象的现实成本 } C_i}$$

据上述计算公式,功能的价值系数有 3 种结果:

a. $V_i=1$。此时功能评价值等于功能现实成本。这表明评价对象的功能现实成本与实现功能所必需的最低成本大致相当,说明评价对象的价值为最佳,一般无须改进。

b. $V_i<1$。此时功能现实成本大于功能评价值。这表明评价对象的现实成本偏高,一种可能是存在过剩功能;另一种可能是功能虽无过剩,但实现功能的条件或方法不佳,以致使实现功能的成本大于功能的实际需要。这两种情况都应列入功能改进的范围,并且以剔除过剩功能及降低现实成本为改进方向。

c. $V_i>1$。此时功能现实成本低于功能评价值。这表明该部分功能比较重要,但分配的成本较少。此时,应具体分析:功能与成本的分配可能已经比较理想,或者有不必要的功能,或者应该提高成本。

②功能指数法中功能价值的计算及分析。

在功能指数法中,功能的价值用价值指数 V_I 来表示,其计算公式为:

$$\text{第 } i \text{ 个评价对象的价值指数 } V_I = \frac{\text{第 } i \text{ 个评价对象的功能指数 } F_I}{\text{第 } i \text{ 个评价对象的成本指数 } C_I}$$

此时根据计算结果又分为 3 种情况:

a. $V_I=1$。此时评价对象的功能比重与成本比重大致平衡,合理匹配,可以认为功能的目前成本是比较合理的。

b. $V_I<1$。此时评价对象的成本比重大于功能比重,表明相对于系统内的其他对象而言,目前所占的成本偏高,从而会导致该对象的功能过剩。应将评价对象列为改进对象,改善方

向主要是降低成本。

c.$V_I>1$。此时评价对象的成本比重小于其功能比重。出现这种结果的原因可能有 3个:第一个是目前成本偏低,不能满足评价对象实现其应具有的功能的要求,致使对象功能偏低,这种情况应列为改进对象,改善方向是增加成本;第二个是对象目前具有的功能已经超过其应该具有的水平,即存在过剩功能,这种情况也应列为改进对象,改善方向是降低功能水平;第三个是对象在技术、经济等方面具有某些特殊性,在客观上存在着功能很重要而需要耗费的成本却很少的情况,这种情况一般就不必列为改进对象了。

【例 3.1】价值工程。

某房地产开发公司对某楼盘开发征集了若干个设计方案,经过筛选后对其中较为出色的 3 个设计方案(A,B,C)做进一步的技术经济评价。相关专家讨论后,决定从 5 个方面(F_1,F_2,F_3,F_4,F_5)对不同方案的功能进行评价,并对各功能的重要性达成一致:F_2 和 F_3 同等重要,F_4 和 F_5 同等重要,F_1 与 F_4 相比很重要,F_1 与 F_2 相比较重要。专家针对这 3 个方案满足 5 个功能的情况进行了打分,具体结果见表 3.4。另外,根据专业人士估算,A,B,C3 个方案开发出来的商品房的单方造价分别为 1 150 元/m²,1 320 元/m²,1 200 元/m²。

表 3.4　各方案功能得分

功能	方案功能得分		
	A	B	C
F_1	8	10	9
F_2	9	9	9
F_3	9	9	8
F_4	8	8	9
F_5	8	9	9

问题:

(1)请计算各功能指标的权重。

(2)用价值指数法评价出最优设计方案。(结果保留三位小数)

(3)根据价值指数对最优方案进行评价。

【解】 问题(1):根据题目背景条件,各功能的权重计算结果见表 3.5。

表 3.5　各功能的权重计算结果

功能	F_1	F_2	F_3	F_4	F_5	得分	权重
F_1	×	3	3	4	4	14	0.350
F_2	1	×	2	3	3	9	0.225
F_3	1	2	×	3	3	9	0.225
F_4	0	1	1	×	2	4	0.100
F_5	0	1	1	2	×	4	0.100
合计						40	1.000

问题(2):分别计算各方案的功能指数、成本指数和价值指数。

①计算功能指数。将各方案的功能得分分别与该功能的权重相乘,然后汇总得到该方案的功能加权得分:

$$S_A = 0.350 \times 8 + 0.225 \times 9 + 0.225 \times 9 + 0.100 \times 8 + 0.100 \times 8 = 8.450$$

$$S_B = 0.350 \times 10 + 0.225 \times 9 + 0.225 \times 9 + 0.100 \times 8 + 0.100 \times 9 = 9.250$$

$$S_C = 0.350 \times 9 + 0.225 \times 9 + 0.225 \times 8 + 0.100 \times 9 + 0.100 \times 9 = 8.775$$

各方案功能加权得分为:

$$S = S_A + S_B + S_C = 8.450 + 9.250 + 8.775 = 26.475$$

各方案的功能指数为:

$$F_A = 8.450/26.475 = 0.319$$

$$F_B = 9.250/26.475 = 0.349$$

$$F_C = 8.775/26.475 = 0.331$$

②计算成本指数。

各方案的成本之和为:

$$1\ 150 + 1\ 320 + 1\ 200 = 3\ 670 (元/m^2)$$

各方案的成本指数为:

$$C_A = 1\ 150/3\ 670 = 0.313$$

$$C_B = 1\ 320/3\ 670 = 0.360$$

$$C_C = 1\ 200/3\ 670 = 0.327$$

③计算价值指数。

各方案的价值指数为:

$$V_A = F_A/C_A = 0.319/0.313 = 1.019$$

$$V_B = F_B/C_B = 0.349/0.360 = 0.969$$

$$V_C = F_C/C_C = 0.331/0.327 = 1.012$$

因为 A 方案的价值系数最大,所以 A 方案为最佳设计方案。

问题(3):$V_A > 1$,表示功能指数大于成本指数,即评价对象的功能比重大于实现该功能的成本比重。出现这种情况的可能性有 3 种:

①由于现实成本偏低,不能满足评价对象实现其该有的功能要求,致使对象的功能偏低,应将该评价对象的功能作为改进对象。在满足必要功能的前提下,适当增加成本。

②对象目前已有的功能已经超出应有的水平,导致功能过剩,也应将该评价对象的功能作为改进对象。

③对象在技术、经济等方面具有某些特征,在客观上存在着功能很重要而需要消耗的成本较少的情况,则不需要改进。

3.2.2　寿命周期费用评价法

寿命周期费用评价法是选择有限资源的最佳使用方法,以及对设备(系统)的各种备选方案进行评价,使其寿命周期费用最经济的系统分析方法。这就要求在购置费与维持费之间,购置费的详细科目(研究、设计、试制、制造、安装、试运行等)之间,甚至效益与寿命周期费用之间,作出为数众多的不同方案的评价。

当设备的使用年限(寿命周期)相等时,可采用现值法或年值法进行评价。

1)现值法

把对比的各方案,在其整个经营期内不同时期的费用和收益,按照一定的报酬率,折现到投资方案开始实施时的现值之和,然后比较大小,选择方案的优劣,这种方法称为现值法。可以采用现值法评判一个项目可行与否,也可以在两个以上可行方案中评判出较优者。

【例3.2】 投资估算方法"现值法"。

某汽车零件生产加工企业拟建一幢新的生产大楼,根据评估选出两种设计方案:设计方案 A 为新建一幢建筑面积为 3 200 m² 的大楼,引入甲公司提供的生产设备;设计方案 B 为新建一幢建筑面积为 4 400 m² 的大楼,引入乙公司提供的生产设备。有关投资和费用资料如下:

①经过专业人员估算,A 设计方案大楼的单方造价为 1 500 元/m²,B 设计方案大楼的单方造价为 1 680 元/m²。

②甲公司提供的生产设备采购安装总投资为 5 800 万元,乙公司提供的生产设备采购安装总投资为 7 500 万元。

③甲公司提供的生产设备日常使用及维护费用为 200 万元/年,使用年限为 15 年,大修周期为 5 年,每次大修理费为 100 万元;乙公司提供的生产设备日常使用及维护费用为 340 万元/年,使用年限为 15 年,大修周期为 5 年,每次大修理费为 180 万元。

④除了设备维护费之外,A 设计方案每年的生产运营费用为 500 万元;B 设计方案每年的生产运营费用为 750 万元。

⑤据估算,A 设计方案完成后,每年可创造的营业收入为 3 800 万元;B 设计方案完成后,每年可创造的营业收入为 4 700 万元。

不考虑建设期的影响,初始投资设在期初,设备残值均为采购安装总投资费的10%。年复利率为10%,资金时间价值系数见表3.6。

表 3.6　资金时间价值系数

n	5	10	15
$(P/A,10\%,n)$	3.791	6.145	7.606
$(P/F,10\%,n)$	0.621	0.386	0.239

问题:

(1)试计算设计方案 A 和设计方案 B 的初始投资总费用、年运营费用、甲乙设备的残值。

(2)试计算设计方案 A 和设计方案 B 的费用现值,并选择较经济的方案。(结果以万元为单位,保留两位小数)

【解】 问题(1):

初始投资总费用计算如下:

A 设计方案:$1\ 500\times3\ 200\times10^{-4}+5\ 800=6\ 280.00$(万元)

B 设计方案:1 680×4 400×10⁻⁴+7 500＝8 239.20(万元)

年运营费用计算如下:

A 设计方案:200+500＝700.00(万元)

B 设计方案:340+750＝1 090.00(万元)

设备残值计算如下:

甲设备:5 800×10%＝580.00(万元)

乙设备:7 500×10%＝750.00(万元)

问题(2):

如图 3.5 所示,A 设计方案全寿命周期费用现值为:

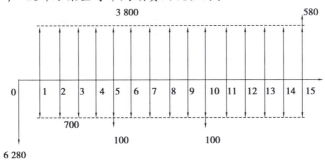

图 3.5 A 设计方案现金流量示意图(资金单位:万元)

$(3\,800-700)\times(P/A,10\%,15)+580\times(P/F,10\%,15)-6\,280-100\times(P/F,10\%,5)-$
$100\times(P/F,10\%,10)=3\,100\times7.606+580\times0.239-6\,280-100\times0.621-100\times0.386$
$$=17\,336.52(万元)$$

如图 3.6 所示,B 设计方案全寿命周期费用现值为:

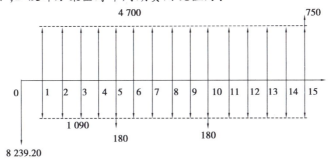

图 3.6 B 设计方案现金流量示意图(资金单位:万元)

$(4\,700-1\,090)\times(P/A,10\%,15)+750\times(P/F,10\%,15)-8\,939.20-180\times(P/F,10\%,5)-$
$180\times(P/F,10\%,10)=3\,610\times7.606+750\times0.239-8\,239.20-180\times0.621-180\times0.386$
$$=19\,216.45(万元)$$

综上,选择 B 设计方案在经济上较优。

2)年值法

年值法是根据现金流量等值的概念,将项目方案在整个分析期中不同时点上发生的现金流量,按规定的收益率折算为整个寿命期中每个时点上的年均值,用年均值进行项目方案评价比较的方法。

【例3.3】年值法。

某企业拟建一座节能综合办公楼,建筑面积为 25 000 m², 其工程设计方案部分资料如下:

A方案:采用装配式钢结构框架体系,预制钢筋混凝土叠合板楼板,装饰、保温、防水三合一复合外墙,双玻断桥铝合金外墙窗,叠合板上现浇珍珠岩保温屋面。单方造价为 2 020 元/m²。

B方案:采用装配式钢筋混凝土框架体系,预制钢筋混凝土叠合板楼板,轻质大板外墙体,双玻铝合金外墙窗,现浇钢筋混凝土屋面板上采用水泥蛭石保温。单方造价为 1 960 元/m²。

C方案:采用现浇钢筋混凝土框架体系,现浇钢筋混凝土楼板,加气混凝土砌块铝板装饰外墙体,外墙窗和屋面做法同B方案。单方造价为 1 880 元/m²。

各方案功能权重及得分见表3.7。

表3.7 各方案功能权重及得分

功能项目		结构体系	外窗类型	墙体材料	屋面类型
功能权重		0.30	0.25	0.30	0.15
各方案功能得分	A方案	8	9	9	8
	B方案	8	7	9	7
	C方案	9	7	8	7

问题:

(1)简述价值工程中所述的"价值(V)"的含义,对于大型复杂的产品,应用价值工程的重点是在其寿命周期的哪些阶段?

(2)运用价值工程原理进行计算,并将计算结果分别填入表3.8、表3.9和表3.10中,并选择最佳设计方案。

表3.8 各方案功能指数计算

功能项目		结构体系	外窗类型	墙体材料	屋面类型	合计	功能指数
功能权重		0.30	0.25	0.30	0.15		
各方案功能得分	A方案						
	B方案						
	C方案						

表3.9 各方案成本指数计算

方案	A	B	C	合计
单方造价/(元·m⁻²)	2 020	1 960	1 880	
成本指数				

表 3.10　各方案价值指数计算

方案	A	B	C
功能指数			
成本指数			
价值指数			

(3)3 个方案设计使用寿命均按 50 年计,基准折现率为 10%,A 方案年运行和维修费用为 78 万元,每 10 年大修一次,费用为 900 万元;已知 B,C 方案年度寿命周期经济成本分别为 664.222 万元和 695.400 万元,资金时间价值系数见表 3.11。请列式计算 A 方案的年度寿命周期经济成本,并运用年值法选择最佳设计方案。(结果保留三位小数)

表 3.11　资金时间价值系数

n	10	20	30	40	50
$(P/A,10\%,n)$	6.145	8.514	9.427	9.779	9.915
$(P/F,10\%,n)$	0.386	0.149	0.057	0.022	0.009

【解】　问题(1):价值工程中所述的"价值(V)"是指作为某种产品(或作业)所具有的功能与获得该功能的全部费用的比值。

对于大型复杂的产品,应用价值工程的重点是在产品的研究、设计阶段。

问题(2):运用价值工程原理,计算结果见表 3.12、表 3.13 和表 3.14。

表 3.12　功能指数计算结果

功能项目		结构体系	外窗类型	墙体材料	屋面类型	合计	功能指数
功能权重		0.30	0.25	0.30	0.15		
各方案功能得分	A 方案	2.40	2.25	2.70	1.20	8.55	0.351
	B 方案	2.40	1.75	2.70	1.05	7.90	0.324
	C 方案	2.70	1.75	2.40	1.05	7.90	0.324

表 3.13　成本指数计算结果

方案	A	B	C	合计
单方造价/(元·m^{-2})	2 020	1 960	1 880	5 860
成本指数	0.345	0.334	0.321	1.000

表 3.14　价值指数计算结果

方案	A	B	C
功能指数	0.351	0.324	0.324

续表

方案	A	B	C
成本指数	0.345	0.334	0.321
价值指数	1.017	0.970	1.009

A 方案的价值指数最大,A 方案最优。

问题(3):

A 方案的年度寿命周期经济成本为:

$78+\{900\times[(P/F,10\%,10)+(P/F,10\%,20)+(P/F,10\%,30)+(P/F,10\%,40)]\}\div$
$(P/A,10\%,50)+25\,000\times2\,020\div10\,000\div(P/A,10\%,50)$

$=78+900\times(0.386+0.149+0.057+0.022)\div9.915+25\,000\times2\,020\div10\,000\div9.915$

$=643.063(万元)$

643.063 万元<664.222 万元<695.400 万元

由于 A 方案的年度寿命周期经济成本最低,因此 A 方案最优。

利用年值法对多个方案比较优选时,如果诸方案产出价值相同,或者诸方案能够满足同样需要但其产出效益难以用价值形态(货币)计量时,可以通过对各方案费用年值的比较,判断项目费用的有效性或经济合理性,将其结论作为项目投资决策的依据之一。

3.3　设计概算的编制

3.3.1　设计概算的含义

建设项目设计概算是初步设计文件的重要组成部分,它是在投资估算的控制下由设计单位根据初步设计或扩大初步设计的图纸及说明,利用国家或地区颁发的概算指标、概算定额、设备材料预算价格等资料,按照设计要求,概略地计算建筑物或构筑物造价的文件。其特点是编制工作相对简略,无须达到施工图预算的准确程度。采用两阶段设计的建设项目,初步设计阶段必须编制设计概算;采用三阶段设计的建设项目,扩大初步设计阶段必须编制修正概算。

3.3.2　设计概算的作用

①设计概算是编制固定资产投资计划,确定和控制建设项目投资的依据。国家规定,编制年度固定资产投资计划,确定计划投资总额及其构成时,要以批准的初步设计概算为依据。没有批准的初步设计文件及其概算,建设工程就不能列入年度固定资产投资计划。

②设计概算是签订建设工程承发包合同和贷款合同的依据。《中华人民共和国民法典》合同编中明确规定,建设工程合同价款是以设计概、预算价为依据,且总承包合同不得超过设计总概算的投资额。银行贷款或各单项工程的拨款累计总额不能超过设计概算,如果项目投资计划所列支投资额与贷款突破设计概算,则必须查明原因之后由建设单位报请上级

主管部门调整或追加设计概算总投资,未批准之前,银行对其超支部分拒不拨付。

③设计概算是进行施工图设计和控制施工图预算的依据。设计单位必须按照批准的初步设计文件和设计概算进行施工图设计,施工图预算不得突破设计概算,如确需突破设计概算,应按规定程序报批。

④设计概算是衡量设计方案技术经济合理性和选择最佳设计方案的依据。设计部门在初步设计阶段要选择最佳设计方案,而设计概算是从经济角度衡量设计方案经济合理性的重要依据。

⑤设计概算是考核建设项目投资效果的依据。通过对比设计概算与竣工决算,可以分析和考核投资效果的好坏,同时还可以验证设计概算的准确性,有利于加强设计概算管理和建设项目的造价管理工作。

3.3.3　设计概算的内容

设计概算可分为单位工程概算、单项工程综合概算和建设项目总概算三级。各级概算之间的相互关系如图 3.7 所示。

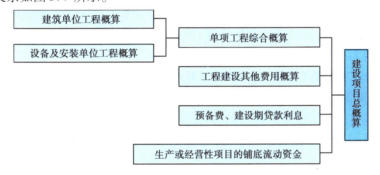

图 3.7　建设项目设计概算的组成内容

1)单位工程概算

单位工程是指具有单独设计文件、能够独立组织施工的工程,是单项工程的组成部分。单位工程概算是确定各单位工程建设费用的文件,是编制单项工程综合概算的依据,是单项工程综合概算的组成部分。单位工程概算按其工程性质分为建筑工程概算和设备及安装工程概算两大类。建筑工程概算包括一般土建工程概算,给排水、采暖工程概算,通风、空调工程概算,电气、照明工程概算,弱电工程概算,特殊构筑物工程概算等;设备及安装工程概算包括机械设备及安装工程概算,电气设备及安装工程概算,热力设备及安装工程概算,工具、器具及生产家具购置费用概算等。

2)单项工程综合概算

单项工程是指在一个建设项目中具有独立的设计文件,建成后可以独立发挥生产能力或工程效益的项目。它是建设项目的组成部分,如生产车间、办公楼、食堂、图书馆、学生宿舍、住宅楼、一个配水厂等。单项工程是一个复杂的综合体,是具有独立存在意义的一个完整工程,如输水工程、净水厂工程、配水工程等。单项工程综合概算是确定一个单项工程所需建设费用的文件,它是由单项工程中各单位工程概算汇总编制而成的,是建设项目总概算的组成部分。

单项工程综合概算的组成内容如图3.8所示。

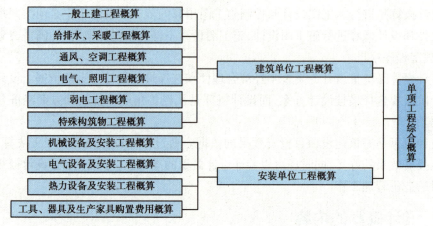

一般土建工程概算
给排水、采暖工程概算
通风、空调工程概算
电气、照明工程概算
弱电工程概算
特殊构筑物工程概算　　　　建筑单位工程概算
机械设备及安装工程概算
电气设备及安装工程概算
热力设备及安装工程概算　　　安装单位工程概算
工具、器具及生产家具购置费用概算
　　　　　　　　　　　　　　　　　　　　　单项工程综合概算

图3.8　单项工程综合概算组成内容

3)建设项目总概算

建设项目总概算是确定整个建设项目从筹建到竣工验收所需全部费用的文件。它由各单项工程综合概算、工程建设其他费用概算、预备费、建设期贷款利息和生产或经营性项目的铺底流动资金汇总编制而成。

若干个单位工程概算汇总后成为单项工程综合概算,若干个单项工程综合概算和工程建设其他费用、预备费、建设期贷款利息等概算文件汇总成为建设项目总概算。单项工程综合概算和建设项目总概算仅是一种归纳、汇总性文件,因此,最基本的计算文件是单位工程概算。建设项目若为一个独立单项工程,则建设项目总概算与单项工程综合概算可合并编制。

3.3.4　设计概算的编制方法

1)单位工程概算的编制方法

单位工程概算书是计算一个独立建筑物或构筑物(即单项工程)中每个专业工程所需工程费用的文件,分为建筑工程概算书和设备及安装工程概算书两类。

建筑单位工程概算的编制方法有概算定额法、概算指标法、类似工程预算法。

(1)概算定额法

概算定额法又称为扩大单价法或扩大结构定额法。它是采用概算定额编制建筑工程概算的方法,即根据初步设计图纸和概算定额的项目划分计算出工程量,然后套用概算定额单价(基价),计算汇总后再计取有关费用,便可得出单位工程概算造价。

概算定额法要求初步设计达到一定深度,建筑结构比较明确,能按照初步设计的平面、立面、剖面图纸计算出楼地面、墙身、门窗和屋面等分部工程(或扩大结构件)项目的工程量时才可采用。

利用概算定额法编制单位工程概算的具体步骤如下:

①收集基础资料,熟悉设计图纸,了解有关施工条件和施工方法。

②按照概算定额分部分项顺序,列出单位工程中各分项工程或扩大分部分项工程的名

称,并计算其工程量。工程量计算应该按照概算定额中规定的工程量计算规则进行,计算时采用的原始数据必须以初步设计图纸所标注的尺寸或初步设计图纸能读出的尺寸为准,并将计算所得各分项工程量按概算定额编号顺序填入工程概算表内。

③确定各分部分项工程项目的概算定额单价。工程量计算完毕后,逐项套用相应概算定额单价和人工、材料消耗指标,然后分别将其填入工程概算表和工料分析表中。如遇设计图纸中的分项工程项目名称、内容与采用的概算定额中相应的项目不相符时,则按规定对定额进行换算后方可套用。概算定额单价的计算公式为:

$$概算定额单价=概算定额人工费+概算定额材料费+概算定额机械台班使用费$$

$$=\sum(概算定额中人工消耗量×人工单价)+$$

$$\sum(概算定额中材料消耗量×材料预算单价)+$$

$$\sum(概算定额中机械台班消耗量×机械台班单价)$$

④计算单位工程人工、材料、机械费用。将已计算出的各分部分项工程项目的工程量分别乘以概算定额单价,单位人工、主材料消耗指标,即可得出各分项工程的人工、材料、机械费用和人工、材料消耗量。如规定有地区的人工、材料价差调整指标,计算人工、材料、机械费用时,按规定的调整系数或调整方法进行调整计算。

⑤计算企业管理费、利润、规费和税金。

$$企业管理费=定额人工费×企业管理费费率$$

$$利润=定额人工费×利润费率$$

$$规费=定额人工费×社会保险费率和住房公积金费率+工程排污费$$

$$税金=(人工、材料、机械费用+企业管理费+利润+规费)×综合税率$$

⑥计算单位工程概算造价。

$$单位工程概算造价=人工、材料、机械费用+企业管理费+利润+规费+税金$$

⑦编写概算编制说明。

(2)概算指标法

概算指标法是将拟建厂房、住宅的建筑面积或体积乘以技术条件相同或基本相同的概算指标而得出人工、材料、机械费,然后按规定计算出企业管理费、利润、规费和税金等。概算指标法计算精度较低,但编制速度快,因此对一般附属、辅助和服务工程等项目,以及住宅和文化福利工程项目或投资比较小、比较简单的工程项目的投资概算有一定实用价值。

概算指标法适用的情况包括:

①在方案设计中,当设计无详图而只有概念性设计时,或初步设计深度不够,不能准确地计算出工程量,但工程设计采用的技术比较成熟时,可以选用与该工程相似类型的概算指标编制概算;

②设计方案急需造价估算而又有类似工程概算指标可以利用的情况;

③图样设计间隔很久后再实施,概算造价不适用于当前情况而又急需确定造价的情形下,可按当前概算指标来修正原有概算造价;

④采用通用设计图设计时,可组织编制通用设计图设计概算指标来确定造价。

情况一:拟建工程结构特征与概算指标相同时的计算。

在直接套用概算指标时,拟建工程应符合以下条件:

①拟建工程的建设地点与概算指标中的建设地点相同;

②拟建工程的工程特征和结构特征与概算指标中的工程特征和结构特征相同;

③拟建工程的建筑面积与概算指标中的建筑面积相差不大。

根据选用的概算指标的内容,可选用以下两种套算方法:

一种方法是以指标中所规定的工程每平方米或立方米的造价指标,乘以拟建单位工程建筑面积或体积,得出单位工程的直接工程费即人工、材料、机械费用,再计算其他费用,即可求出单位工程的概算造价。直接工程费计算公式为:

人工、材料、机械费=概算指标每平方米(立方米)工程造价×拟建工程建筑面积(体积)

另一种方法是以概算指标中规定的每 $100 m^2$ 建筑物面积(或 $1000 m^2$)所耗人工工日数、主要材料数量为依据,先计算拟建工程人工、主要材料消耗量,再计算人工、材料、机械费,并取费。在概算指标中一般规定了每 $100 m^2$ 建筑物面积(或 $1000 m^3$)所耗人工工日数、主要材料数量,通过套用拟建地区当时的人工单价和主材预算单价,即可得到每 $100 m^2$ 建筑物面积(或 $1000 m^3$)所耗人工费、主要材料费,而无须再做价差调整。计算公式为:

$100 m^2$ 建筑物面积的人工费=指标规定的工日数×本地区人工工日单价

$100 m^2$ 建筑物面积的主要材料费=$\sum$(指标规定的主要材料数量×地区材料预算单价)

$100 m^2$ 建筑物面积的其他材料费=主要材料费×其他材料费占主要材料费的百分比

$100 m^2$ 建筑物面积的机械使用费=(人工费+主要材料费+其他材料费)×机械使用费所占百分比

每 $1 m^2$ 建筑面积的人工、材料、机械费用=(人工费+主要材料费+其他材料费+机械使用费)÷100

根据人工、材料、机械费用,结合其他各项取费方法,分别计算企业管理费、利润、规费和税金,得到每 $1 m^2$ 建筑面积的概算单价,乘以拟建单位工程的建筑面积,即可得到单位工程概算造价。

情况二:拟建工程结构特征与概算指标有局部差异时的调整。

①调整概算指标中的每 $1 m^2$(或 $1 m^3$)造价。

这种方法是将原概算指标中的单位造价进行调整(仍使用人工、材料、机械费用指标),扣除每 $1 m^2$(或 $1 m^3$)原概算指标中与拟建工程结构不同部分的造价,增加每 $1 m^2$(或 $1 m^3$)拟建工程与概算指标结构不同部分的造价,使其成为与拟建工程结构相同的工程工料单价。其计算公式为:

$$结构变化修正概算指标(元/1m^2)=J+Q_1P_1-Q_2P_2$$

式中　J——原概算指标;

　　　Q_1——换入新结构的数量;

　　　Q_2——换出旧结构的数量;

　　　P_1——换入新结构的单价;

　　　P_2——换出旧结构的单价。

则拟建工程的造价为:

人工、材料、机械费用＝修正后的概算指标×拟建工程建筑面积(或体积)

求出人工、材料、机械费用之后,再按照规定的取费方法计算其他费用,最终得到单位工程概算造价。

②调整概算指标中的人工、材料、机械数量。

这种方法是将原概算指标中每 100 m² 建筑物面积(或 1 000 m³)所耗人工、材料、机械数量进行调整,扣除原概算指标中与拟建工程结构不同部分的人工、材料、机械数量,并增加原概算指标中与拟建工程结构不同部分的人工、材料、机械数量,使其成为与拟建工程相同的每 100 m² 建筑物面积(或 1 000 m³)所耗人工材料、机械数量。其计算公式为:

结构变化修正概算指标的工、料、机数量＝原概算指标的人工、材料、机械数量＋换入结构件工程量×相应定额人工、材料、机械消耗量－换出结构件工程量×相应定额人工、材料、机械消耗量

以上两种方法,前者是直接修正概算指标单价,后者是修正概算指标中人工、材料、机械消耗量。修正之后,方可按上述方法分别套用。

(3)类似工程预算法

类似工程预算法是利用技术条件与设计对象相类似的已完工程或在建工程的工程造价资料来编制拟建工程概算的方法。

类似工程预算法的编制步骤如下:

①根据设计对象的各种特征参数,选择最合适的类似工程预算。

②根据本地区现行的各种价格和费用标准计算类似工程预算的人工费、材料费、机械费、企业管理费修正系数。

③根据类似工程预算修正系数和以上四项费用占预算成本的比重,计算预算成本总修正系数,并计算出修正后的类似工程平方米预算成本。

④根据类似工程修正后的平方米预算成本和概算地区的利润率计算修正后的类似工程平方米造价。

⑤根据拟建工程的建筑面积和修正后的类似工程平方米造价,计算拟建工程概算造价。

⑥编写概算编制说明。

类似工程预算法在拟建工程初步设计与已完工程或在建工程的设计相类似而又没有可用的概算指标时采用,但必须对建筑结构差异和价差进行调整。建筑结构差异的调整方法与概算指标法的调整方法相同。

类似工程预算造价的价差调整方法常用的有以下两种:

①类似工程预算造价资料有具体的人工、材料、机械台班的用量时,可按类似工程预算造价资料中的主要材料用量、工日数量、机械台班用量乘以拟建工程所在地的主要材料预算价格、人工单价、机械台班单价,计算出直接工程费,再乘以当地的综合费率,即可得出所需的造价指标。

②类似工程预算造价资料只有人工费、材料费、机械台班费、措施费、企业管理费和规费时,可按下面公式调整:

$$D = AK$$

$$K = aK_1 + bK_2 + cK_3 + dK_4 + eK_5$$

式中　D——拟建工程单方概算造价；

　　　　A——类似工程单方预算造价；

　　　　K——综合价格调整系数；

　　　　a,b,c,d,e——类似工程预算的人工费、材料费、机械台班费、措施费、管理费和规费占类似工程预算造价的比重，%，如 a = 类似工程人工费（或工资标准）/类似工程预算造价×100%，b,c,d,e 类同；

　　　　K_1,K_2,K_3,K_4,K_5——拟建工程地区与类似工程预算造价在人工费、材料费、机械台班费、措施费、企业管理费和规费之间的差异系数，如 K_1 = 拟建工程概算的人工费（或工资标准）/类似工程预算人工费（或地区工资标准），K_2,K_3,K_4,K_5 类同。

综合价格调整系数 K 是以类似工程中各成本构成占项目总成本的百分比为权重，按照加权的方法计算出的成本单价的调价系数。根据类似工程预算提供的资料，也可按照同样的计算思路计算出人工、材料、机械费用综合调整系数，通过系数调整类似工程的工料单价，再计算其他剩余费用构成内容，即可得出所需的造价指标。总之，以上方法可灵活应用。

2）单项工程综合概算的编制方法

单项工程综合概算文件一般包括编制说明（不编制总概算时列入）、综合概算表（含其所附的单位工程概算表和建筑材料表）两大部分。当建设项目只有一个单项工程时，综合概算文件（实为总概算）除包括上述两大部分外，还应包括工程建设其他费用、建设期贷款利息、预备费的概算。

3）建设项目总概算的编制方法

建设项目总概算文件一般应包括编制说明、总概算表、各单项工程综合概算书、工程建设其他费用概算表、主要建筑安装材料汇总表。独立装订成册的总概算文件宜加封面、签署页（扉页）和目录。

【例3.4】类似工程预算法。

2023年某单位拟建一栋建筑面积为 5 000 m² 的新办公大楼，根据本地区一栋建成于 2021年、建筑面积为 3 900 m² 的办公楼的资料，运用类似工程预算法编制拟建办公大楼的概算。类似工程的相关费用金额、2023年与2021年各指标价格差异情况见表3.13，试计算拟建办公大楼的概算总造价。（结果以元为单位，保留两位小数）

表3.15　类似工程相关费用金额及2023年与2021年各指标价格差异系数

序号	费用名称	金额/(元·m⁻²)	价格差异系数
1	人工费	228.62	1.03
2	材料费	969.61	1.05
3	机械费	30.92	1.03
4	管理费和利润	50.05	1.04
5	其他费用	592.10	1.02
建筑、装饰、安装工程单方造价合计		1 871.30	

【解】根据表 3.15 先求出各个费用占总费用的百分比。

人工费占总费用的百分比为：
$$228.62 \div 1\ 871.30 \times 100\% = 12.22\%$$

材料费占总费用的百分比为：
$$969.61 \div 1\ 871.30 \times 100\% = 51.81\%$$

机械费占总费用的百分比为：
$$30.92 \div 1\ 871.30 \times 100 = 1.65\%$$

管理费和利润占总费用的百分比为：
$$50.05 \div 1\ 871.30 \times 100\% = 2.67\%$$

其他费用占总费用的百分比为：
$$592.10 \div 1\ 871.30 \times 100\% = 31.64\%$$

综合调整系数为：
$$K = 12.22\% \times 1.03 + 51.81\% \times 1.05 + 1.65\% \times 1.03 + 2.67\% \times 1.04 + 31.64\% \times 1.02$$
$$= 1.037$$

修正后的类似工程预算单方造价为：
$$1\ 871.30 \times 1.037 = 1\ 940.54(元/m^2)$$

由此可得拟建办公大楼概算造价为：
$$1\ 940.54 \times 5\ 000 = 9\ 702\ 700.00(元)$$

练习题

1. 某开发商拟开发一幢商住楼，有以下 3 种可行的设计方案：

方案 A：结构方案采用预应力大跨度叠合楼板，墙体材料采用多孔砖及移动可拆装式分室隔墙，单方造价为 1 725 元/m²。

方案 B：结构方案同方案 A，采用内浇外砌，单方造价为 1 433 元/m²。

方案 C：结构方案采用砖混结构体系，多孔预应力板，墙体材料采用标准砖，单方造价为 1 350 元/m²。

各方案功能得分及功能重要系数见表 3.16。

表 3.16　方案功能得分及重要系数

方案功能	方案功能得分			方案功能重要系数
	A	B	C	
结构体系 F_1	10	10	8	0.25
模板类型 F_2	10	10	9	0.05
墙体材料 F_3	8	9	7	0.25
面积系数 F_4	9	8	7	0.35
窗户类型 F_5	9	7	8	0.10

试应用价值工程方法选择最优设计方案。

2.某咨询公司受业主委托,对某设计院提出的 8 000 m² 工程量的屋面工程的 3 个设计方案进行评价。该工业厂房的设计使用年限为 40 年。咨询公司在评价方案中设置了功能实用性(F_1)、经济合理性(F_2)、结构可靠性(F_3)、外形美观性(F_4)、与环境协调性(F_5)共 5 项评价指标。该 5 项评价指标的重要程度依次为 F_1,F_3,F_2,F_5,F_4,各方案的每项评价指标得分见表 3.17。各方案的有关经济数据见表 3.18。基准折现率为 6%,资金时间价值系数见表 3.19。

表 3.17 各方案评价指标得分

方案	A	B	C
F_1	7	8	8
F_2	9	8	7
F_3	7	9	9
F_4	6	5	7
F_5	9	8	7

表 3.18 各方案有关经济数据

方案	A	B	C
含税全费用价格/(元·m⁻²)	65	80	115
年度维护费用/万元	1.40	1.85	2.70
大修周期/年	5	10	15
每次大修费/万元	32	44	60

表 3.19 资金时间价值系数

n	5	10	15	20	15	30	35	40
$(P/F,6\%,n)$	0.747 4	0.558 4	0.417 3	0.311 8	0.233 0	0.174 1	0.130 1	0.097 2
$(A/P,6\%,n)$	0.237 4	0.135 9	0.103 0	0.087 2	0.078 2	0.072 6	0.069 0	0.066 5

问题:

(1)用 01 评分法确定各项评价指标的权重。

(2)列式计算 3 个方案的加权综合得分,并选择最优方案。

(3)计算该工程各方案的工程总造价和全寿命周期年度费用,从中选择最经济的方案。

(注:不考虑建设期差异的影响,每次大修给业主带来不便的损失为 1 万元,各方案均无残值)

3. 某市为改善越江交通状况,提出以下两个方案:

方案 1:在原桥基础上加固、扩建。该方案预计投资 40 000 万元,建成后可通行 20 年。期间每年需维护费 1 000 万元。每 10 年需进行一次大修,每次大修费用为 3 000 万元。运营 20 年后报废时没有残值。

方案 2:拆除原桥,在原桥址建一座新桥。该方案预计投资 120 000 万元,建成后可通行 60 年。期间每年需维护费 1 500 万元。每 20 年需进行一次大修,每次大修费用为 5 000 万元,运营 60 年后报废时可回收残值 5 000 万元。

不考虑两方案建设期的差异,基准收益率为 6%。主管部门聘请专家对该桥应具备的功能进行了深入分析,认为应从 F_1,F_2,F_3,F_4,F_5 共 5 个方面对功能进行评价。表 3.20 是专家采用 04 评分法对 5 个功能进行评分的结果。

问题:

(1)在表 3.21 中计算各功能的权重(权重计算结果保留三位小数),并计算两个方案的功能指数。

表 3.20　功能评分结果

功能	方案 1	方案 2
F_1	6	10
F_2	7	9
F_3	6	7
F_4	9	8
F_5	9	9

表 3.21　各功能权重计算结果

	F_1	F_2	F_3	F_4	F_5	得分	权重
F_1	×	2	3	4	4		
F_2		×	3	4	4		
F_3			×	3	4		
F_4				×	3		
F_5					×		
合计							

(2)列式计算两个方案的年费用(计算结果保留两位小数)。

(3)若采用价值工程方法对两个方案进行评价,分别列式计算两个方案的成本指数(以年费用为基础)、功能指数和价值指数,并根据计算结果确定最优方案。(结果保留三位小数)

(4)该桥梁未来将通过收取车辆通行费的方式收回投资和维持运营,若预计该桥梁的机动车年通行量不会少于 1 500 万辆。分别列式计算两个方案每辆机动车的平均最低收费额。(结果保留两位小数)

注:计算所需系数参见表 3.22。

表 3.22　资金时间价值系数

n	10	20	30	40	50	60
$(P/F,6\%,n)$	0.558 4	0.311 8	0.174 1	0.097 2	0.054 3	0.030 3
$(A/P,6\%,n)$	0.135 9	0.087 2	0.072 6	0.066 5	0.063 4	0.061 9

4. 某拟建工程的建筑面积为 3 420 m²。

(1)若类似工程预算中,每平方米建筑面积主要资源消耗为:人工 5.08 工日,钢材

23.8 kg,水泥 205 kg,原木 0.05 m³,铝合金门窗 0.24 m²,其他材料费为主材费的 45%,机械费占直接工程费的 8%。拟建工程除直接工程费外的费用的综合费率为 20%。拟建工程主要资源现行市场价分别为:人工 20.31 元/工日,钢材 3.1 元/kg,水泥 0.35 元/kg,原木 1 400 元/m³,铝合金门窗 350 元/m²。用概算指标法求拟建工程概算造价。

(2)拟建工程的结构形式与已建成的某工程相同,类似工程单方造价为 588 元/m²。其中,人工费、材料费、机械费、措施费、间接费占单方造价的比例分别为 11%,62%,6%,9%,12%。若拟建工程与类似工程在人工费、材料费、机械费、措施费、间接费的差异系数为 2.01,1.06,1.92,1.02,0.87,用概算指标法求拟建工程概算造价。

模块 4

招投标阶段造价计价控制

【学习目标】

- 了解建设工程施工招投标程序；
- 了解投标报价技巧的选择和运用；
- 掌握评标、定标的具体方法及需要注意的问题。

【情景导入】

工程项目建设招投标是国际上通用的工程承发包方式。招投标制度对于健全我国建筑市场竞争机制，促进资源配置，提高企业管理水平及经济效益，保证工期和质量，以及有效控制工程项目建设投资起到了十分重要的作用。

从 2003 年开始，工程量清单计价规范在全国快速推广，给整个建筑交易市场带来了很大变化，投标方需要不断地充实自身实力，提高管理水平和生产效率，降低生产成本，才能够在激烈的竞争中生存。另外，在市场竞争中除了靠企业自身的素质和实力外，投标技巧对于能否中标及能否取得更多利润也有着举足轻重的作用。

某小区商住楼土建项目，某投标人提交的投标文件报价为 1 080 万元，提交投标文件的时间距投标截止日期尚有 3 天，该投标人通过各种渠道了解，发现该报价与竞争对手相比没有优势，于是在开标前又递上一封折扣信，在投标文件报价的基础上，工程量清单单价与总报价各下降 5%，最终凭借价格优势中标。

这种做法是完全合法的，《中华人民共和国招标投标法》规定："投标人在提交投标文件截止日期前，可以补充、修改或撤回已提交的投标文件，并书面通知招标人，补充、修改的内容为投标文件的组成部分。"但是需要注意的是这种做法不是由于自身原因作出的，而是根据其他投标人的投标情况作出的，会带来恶性竞争的负面作用。而且也不能一味地不顾企业成本，为了中标而盲目降低报价，导致合同签订后难以履行或者亏损等。

在投标过程中,一定要合理运用一些报价策略、投标技巧,通过不断总结投标报价的经验和教训,不断提高自身的报价水平,提高中标概率,也为企业创造更大的财富。

【本章内容】

4.1　招投标概述

4.1.1　招投标的概念及招标方式

1)招投标的概念

招投标是市场经济条件下进行大宗货物买卖、工程建设项目的发包与承包,以及其他项目的采购与供应时所采用的一种商品交易方式。

工程建设招标是指建设单位(业主)就拟建的工程发布招标公告,用法定方式吸引工程项目的承包单位参加竞争,进而通过法定程序从中选择条件优越者来完成工程建设任务的一种法律行为。

工程建设投标是指经过特定审查而获得投标资格的建设项目承包单位,按照招标文件的要求,在规定的时间内向招标单位提交投标文件,争取中标的法律行为。

2)施工招标的方式

建设工程施工招标是指招标人就建设项目的施工任务发布招标公告或发出投标邀请书,由投标人根据招标文件的要求,在规定的期限内提交包括施工方案和报价、工期等内容的投标文件,并经开标、评标和定标等程序,从中择优选定施工承包人的活动。

根据《中华人民共和国招标投标法》的规定,招标分为公开招标和邀请招标两种方式。

(1)公开招标

公开招标也称无限竞争性招标,是指招标人以招标公告的方式邀请不特定的法人或者其他组织投标。按规定应该招标的建设工程项目,一般应采用公开招标方式。

公开招标的优点是招标人有较大的选择范围,可在众多的投标人中选择报价合理、工期较短、技术可靠、资信良好的中标人。但是公开招标的资格审查和评标的工作量比较大,耗时长、费用高,且有可能因资格预审把关不严导致鱼目混珠的现象发生。

(2)邀请招标

邀请招标也称有限竞争性招标,是指招标人事先经过考察和筛选,将投标邀请书发给某些特定的法人或者其他组织,邀请其参加投标。

邀请招标的优点:目标集中,招标的组织工作量比较小;缺点:由于参加的投标单位较少,竞争性较差,使招标单位对投标单位的选择余地较少,如果招标单位在选择邀请单位前所掌握的信息资料不足,就很难发现最适合承担该项目的承包人。

根据相关法律法规规定,国有资金占控股或者主导地位的依法必须进行招标的项目,应当公开招标;但有下列情形之一的,经批准可以进行邀请招标:

①项目技术复杂、有特殊要求或受自然地域环境限制,只有少量几家潜在投标人可供选

择的;

②涉及国家安全、国家秘密或者抢险救灾,适宜招标但不宜公开招标的;

③采用公开招标方式的费用占项目合同金额的比例过大的;

④法律、法规规定不宜公开招标的。

4.1.2　建设工程项目施工招标程序

建设工程项目施工招标程序是指在建设工程项目施工招标活动中,按照一定的时间、空间、顺序运作的次序、步骤和方式。

建设工程项目施工招标的程序:建设工程项目报建→核准招标方式和招标范围→编制招标文件→发布招标公告或发出投标邀请书→资格预审→发放招标文件→现场勘察→标前会议→投标文件的接收→开标→评标→定标→签订合同。

1)建设工程项目报建

建设工程项目的立项批准文件或年度投资计划下达后,建设单位必须按规定向招投标管理机构报建。工程项目报建的内容主要包括工程名称、建设地点、投资规模、资金来源、当年投资额、工程规模、结构类型、发包方式、计划开竣工日期、工程筹建情况等。建设单位填写"建设工程报建登记表",连同应交验的立项批准等文件资料一并报招投标管理机构审批。

2)核准招标方式和招标范围

审查招标人报送的书面材料,核准招标人的自行招标条件和招标范围。对符合规定的自行招标条件的,招标人可自行办理招标事宜。任何单位和个人不得限制其自行办理招标事宜,也不得拒绝办理工程建设有关手续。认定招标人不符合规定的自行招标条件的,在批复可行性研究报告时,要求招标人委托招标代理机构办理招标事宜。

3)编制招标文件

招标文件包括以下内容:投标须知;招标项目的性质、数量;招标工程的技术要求和设计文件;招标的价格要求及其计算方式;评标的标准和方法;交货、竣工或提供服务的时间;投标人应提供的有关资料和资信证明文件;投标保证金的数额或其他形式的担保;投标文件的编制要求;投标文件的格式及附录;提交投标文件的方式、地点和截止时间;开标、评标的日程安排;拟签订合同的主要条款、合同格式及合同条件;要求投标人提交的其他材料等。

4)发布招标公告或发出投标邀请书

实行公开招标的,招标人应通过国家指定的报刊、信息网络或者其他媒介发布招标公告。任何认为自己符合招标公告要求的施工单位都有权报名并索取资格审查文件,招标人不得以任何借口拒绝符合条件的投标人报名。采用邀请招标的,招标人应向 3 个以上具备承担招标项目的能力、资信良好的特定的法人或者其他组织发出投标邀请书。

招标公告和投标邀请书应当载明招标人的名称和地址,招标项目的性质、数量、实施地点和时间以及获取招标文件的办法等事项。

5)资格预审

招标人可根据招标工程的需要,对投标申请人进行资格审查,也可委托招标代理机构对投标申请人进行资格预审。资格预审文件包括资格预审须知和资格预审申请书。投标申请人应在规定的时间内向招标人报送资格预审申请书和资格证明材料。经资格预审后,招标人应向资格预审合格的投标申请人发出资格预审合格通知书,告之获取招标文件的时间、地点和方法,并同时向资格预审不合格的投标申请人告之资格预审的结果。

6)发放招标文件

招标人应在招标文件发出的同时将招标文件报招投标管理机构备案。招投标管理机构发现招标文件有违反法律、法规内容的,应自收到备案材料之日起 3 日内责令招标人改正,招标日程可以顺延;招标人应在招标公告、投标邀请书或资格预审合格通知书中载明获取招标文件的办法。

7)现场勘察

招标人根据项目具体情况可以安排投标人和标底编制人进行现场勘察。现场勘察的目的在于让投资人了解工程场地和周围环境情况,以获取投标人认为有必要的信息,并据此做出关于投标策略和投标报价的决定。

【想一想】 某工程项目采用单价施工合同。工程招标文件参考资料中提供的用沙地点距工地4 km。开工后,检查该沙质量不符合要求,承包商只得从另一个距工地20 km 的供沙地点采购。承包人是否可以向发包人索赔,并说明理由。

8)标前会议

标前会议也称为投标预备会或招标文件交底会,是招标人按投标须知规定的时间和地点召开的会议。标前会议上,招标人除了介绍工程概况以外,还可对招标文件中的某些内容加以修改或补充说明,并对投标人书面提出的问题和会议上即席提出的问题给以解答。会议结束后,招标人应将会议纪要以书面通知的形式发给每一个投标人。

【想一想】 招标人对投标人就招标文件提出的所有问题统一做了书面答复,并且以备忘录的形式分发给各个投标人,采用以下表格形式有无不妥之处。

序号	问题	提问单位	提问时间	答复
1				
2				
3				

9)投标文件的接收

投标人根据招标文件的要求,编制投标文件,并进行密封和标记,在投标截止时间前按规定的地点提交给招标人。招标人接收投标文件并将其密封保存。

10)开标

开标应在招标文件确定的提交投标文件截止时间的同一时间,按照招标文件中预先确定的地点公开进行。开标由招标人主持,邀请所有投标人的法定代表人或其代理人和评标委员会全体成员参加。建设行政主管部门及工程招标投标监督管理机构依法实施监督。招标人可以编制标底,也可以不编制标底。需要编制标底的工程,由招标人或者由其委托具有相应能力的单位编制;不编制标底的,实行合理低价中标。

对编制标底的工程,招标人可规定在标底上下浮动一定范围内的投标报价为有效,并在招标文件中写明。开标时,如果仅有少于3家的投标报价符合规定的浮动范围,招标单位可采用加权平均的方法修订规定,或者宣布实行合理低价中标,或者重新组织招标。

11)评标

评标由招标人依法组建的评标委员会负责。评标委员会由招标人的代表和有关技术、经济等方面的专家组成,成员人数为5人以上的单数。其中技术、经济等方面的专家不得少于成员总数的2/3。招标人应当采取必要的措施,保证评标在严格保密的情况下进行。评标委员会可以要求投标人对投标文件中含义不明确的内容作必要的澄清或者说明,但是澄清或者说明应当采用书面形式,不得超出投标文件的范围或者改变投标文件的实质性内容。评标委员会不得暗示或者诱导投标人作出澄清、说明,不得接受投标人主动提出的澄清、说明。评标委员会应按招标文件确定的评标标准和方法,对投标文件进行评审和比较;设有标底的,应当参考标底。评标委员会经评审,认为所有投标都不符合招标文件要求的,可否决所有投标。依法必须进行招标的项目的所有投标被否决的,招标人应当依照《中华人民共和国招标投标法》重新招标。在确定中标人前,招标人不得与投标人就投标价格、投标方案等实质性内容进行谈判。

评标结束后,评标委员会应当向招标人提出书面评标报告,并推荐合格的中标候选人。评标报告须经评标委员会全体成员签字确认。评标报告应包括下列主要内容:

①招标情况:包括工程概况、招标范围和招标的主要过程。

②开标情况:包括开标的时间、地点,参加开标会议的单位和人员等。

③评标情况:包括评标委员会的组成人员名单,评标的方法、内容和依据,对各投标文件的分析论证及评审意见。

④对投标人的详评结果排序,并提出中标候选人的推荐名单。

12)定标

①招标人根据评标委员会提出的书面评标报告和推荐的中标候选人确定中标人,也可授权评标委员会直接确定中标人。

②在评标委员会提出书面评标报告后,招标人应在招标文件规定的时间内完成定标。定标后,招标人应向中标人发出中标通知书,并同时将中标结果通知所有未中标的投标人。

13)签订合同

招标人和中标人就当自中标通知书发出之日起30日内,按照招标文件和中标人的投标文件订立书面合同。招标人和中标人不得再行订立背离合同实质性内容的其他协议。

中标后,除不可抗力外,中标人拒绝与招标人签订合同的,招标人可以不退还其投标保证金,并可要求赔偿相应的损失;招标人拒绝与中标人签订合同的,应双倍返还其投标保证金,并赔偿相应的损失。

中标人与招标人签订合同时,应按照招标文件的要求,向招标人提供履约保证。履约保证可采用银行履约保函(一般为合同价的 5%～10%),或者其他担保方式(一般为合同价的 10%～20%)。招标人应向中标人提供工程款支付担保。

招标人与中标人签订合同后 5 个工作日内,应当向中标和未中标的投标人退还投标保证金。

4.1.3 建设工程项目施工投标程序

1)投标申请

符合招标公告要求的施工单位都有权报名并索取资格审查文件,招标人不得以任何借口拒绝符合条件的投标人报名。

2)接受资格预审

资格预审是投标人能否进行投标的第一关。详细内容见建设工程项目施工招标程序,在此不再赘述。

3)研究招标文件

(1)分析招标文件

投标人取得投标资格,获得招标文件之后的首要工作就是认真仔细地研究招标文件,充分了解其内容和要求,以便有针对性地安排投标工作。其重点应放在投标者须知、合同条件、设计图纸、工程范围以及工程量清单上,最好有专人或小组研究技术规范和设计图纸,弄清其特殊要求。

(2)现场踏勘

现场踏勘是指招标人组织投标人对招标工程的自然、地质、经济和社会条件进行现场考察。这些都是工程施工的制约因素,必然会影响工程成本,是投标报价所必须考虑的,在报价前必须了解清楚。

因为投标时间一般比较短,不摸清施工合同条件,就做不到心中有数,所以对于不熟悉的施工合同条件,投标人投标报价要高一些,在这种情况下,对通用和专用合同条款都应全面进行评估,对不清楚的问题进行归纳和统计,待标前会议或现场踏勘时进行解决。

(3)核实工程量

招标文件中虽然提供了招标工程量清单,但投标人还是需要复核工程量,因为这直接影响投标报价。例如,当投标人大体上确定了工程总报价以后,可适当采用报价技巧如不平衡报价法,对某些工程量可能增加的项目提高报价,而对某些工程量可能减少的项目降低报价。

对单价合同,尽管是以实测工程量结算工程款,但投标人仍应根据图纸仔细核算工程量,当发现工程量相差较大时,投标人应要求招标人作出澄清。

对总价合同,更要引起重视,因为总价合同是以总报价为基础进行结算的,如果工程量出现差异,可能对投标人极为不利。

对总价合同,如果招标人在投标前对争议工程量不予更正,又是对投标人不利的情况,那么投标人在投标时要附上声明:工程量表中某项工程量有错误,施工结算应按实际完成量计算。

投标人在核算工程量时,还要结合招标文件中的技术规范弄清工程量中每一细目的具体内容,避免出现计算单位、工程量或价格等方面的错误与遗漏。

(4)编制施工方案

施工方案是投标报价的基础和前提,也是招标人评标时要考虑的重要因素之一。有什么样的方案,就有什么样的人工、机械与材料消耗,就会有相应的报价。因此,必须弄清分项工程的内容、工程量、所包含的相关工作、工程进度计划的各项要求、机械设备状态、劳动与组织状况等关键环节,据此制订施工方案。

施工方案应由投标单位的技术负责人主持制订,主要应考虑施工方法、主要施工机具的配置、各工种劳动力的安排及现场施工人员的平衡、施工进度及分批竣工的安排、安全措施等。制订的施工方案应在技术、工期和质量保证等方面对招标人有吸引力,同时又有利于降低施工成本。

4)投标计算

投标计算是指投标人对招标工程施工所要发生的各种费用的计算。在进行投标计算时,必须先根据招标文件复核或计算工程量。作为投标计算的必要条件,应预先确定施工方案和施工进度。此外,投标计算还必须与采用的合同计价形式相协调。

5)编制投标文件

投标人应按照招标文件的要求编制投标文件。投标文件应对招标文件提出的实质性要求和条件作出响应。投标文件不完备或没有达到招标人的要求、在招标范围以外提出新的要求等,均被视为对招标文件的否定,不会被招标人接受。投标人必须为自己投出的投标文件负责,如果中标,必须按照投标文件中阐述的方案来完成工程,这其中包括质量标准、工期与进度计划、报价限额等基本指标以及招标人提出的其他要求。

6)正式投标

投标人按照招标人的要求完成投标文件的准备与填报之后,就可以向招标人正式提交投标文件。招标人规定的投标截止日就是提交投标文件的最后期限。投标人在投标截止日之前所提交的投标文件是有效的,超过该日期就会被视为无效投标。在招标文件要求提交投标文件的截止时间后送达的投标文件,招标人可以拒收。

招标人或者招标代理机构收到投标文件后,应签收保存,并应采取措施确保投标文件的安全,以防失密。投标人在招标文件要求提高投标文件的截止时间前,可以补充、修改或者撤回已提交的投标文件,并书面通知投标人。补充、修改的内容为投标文件的组成部分。

7)签订合同

签订合同的详细内容见建设工程项目施工招标程序。

4.1.4　电子招投标

1)电子招投标的概念

电子招标标是指以数据电文形式,依托电子招标投标系统完成的全部或者部分招标投标交易、公共服务和行政监督的活动。数据电文形式与纸质形式的招标投标活动具有同等法律效力。

2)电子招投标的流程

(1)选择合适的交易平台

该交易平台包括自行建立或联合建设、租赁使用、招投标交易场所建设的交易平台。

(2)办理注册登记

通过选定的交易平台入口客户端,在国家招标投标公共服务平台免费办理主体和项目的实名注册登记,产生唯一的主体和项目身份注册编码。

(3)发布招标公告或投标邀请书

招标人或其委托的招标代理机构应当在资格预审公告、招标公告或者投标邀请书中载明潜在投标人访问电子招标投标交易平台的网络地址和方法。依法必须进行公开招标项目的上述相关公告应当在电子招标投标交易平台和国家指定的招标公告媒介同步发布。

(4)编制、发出资格预审文件、招标文件

招标人或者其委托的招标代理机构应当及时将数据电文形式的资格预审文件、招标文件加载至电子招标投标交易平台,供潜在投标人下载或者查阅。

(5)编制和提交投标文件

投标人应通过交易平台提交数据电文形式的资格预审申请文件或者投标文件。

投标文件编制合成应采用交易平台提供的专用工具软件,严格按照招标文件约定的内容和格式编制合成投标文件并且具备分段或者整体加密、解密功能。否则,可能造成交易平台拒收投标文件或者无法解密,导致投标无效。

(6)开标

电子开标应当按照招标文件确定的时间,在交易平台上公开进行,所有投标人均应准时在线参加开标。通过互联网以及交易平台,在线完成数据电文形式投标文件的拆分解密,展示唱标内容并形成开标记录。

(7)评标

依法组建的评标委员会通过交易平台的电子评标功能进行评标,推荐中标候选人及其排序,编写完成数据电文形式的评标报告。评标委员会对投标文件提出的需要澄清和说明的问题,以及投标人的澄清答复均应通过交易平台交换数据电文,评标全过程应进行摄像录音。评标委员会完成评标后,通过交易平台辨析和签署形成数据电文形式的评标报告,并通过交易平台提交给招标人。

(8)中标候选人公示与中标结果公布

依法必须进行招标的项目,招标人或招标代理机构应当在交易平台及其注册的公共服务平台公示和分布中标候选人和中标结果,包括招标项目名称,标段编号,中标候选人名称、排序、投标报价等信息,公示时间不应少于3日。

(9)合同签订

招标人应当通过交易平台,以数据电文形式与中标人签订合同。

3)电子评标

电子评标适用于建设工程招投标项目、政府采购招投标项目,如图4.1所示。评委可在异地采用远程电子评标的方式评标。电子评标系统的优点主要有以下几个方面:

①电子评标有利于招投标的公开、公平、公正,大大减少人为因素的干扰,是对原有招投标评标方式的一次突破,从制度上可防止腐败的发生。

②电子评标有利于节约投标人的投标成本和投标工作量。一般只需提供一份正本标书及刻录在光盘上的电子标书,大大降低了投标人废标的可能性。

③电子评标有利于简化评委评标过程。商务标的报价由电脑自动分析,技术标的评分要点自动定位。对原来手工评标难以处理的不合理报价、错误计算等能够自动报警;可以直观对比各个投标人的清单价格、技术措施;自动出具评标报告,评委填写关键点后,自动生成报告。

④电子评标有利于监管机构的监督。评标内容全程数字化,招标文件、投标文件、评标过程、评标结果能够长期保存,随时查询。

⑤电子评标有利于建立高水平的专家队伍。评标专家的各次评标结果需集中保存在数据库中,这样可以加强对专家的考核管理,也为交易中心客观、量化地评价专家的能力和评标准确性提供了依据。

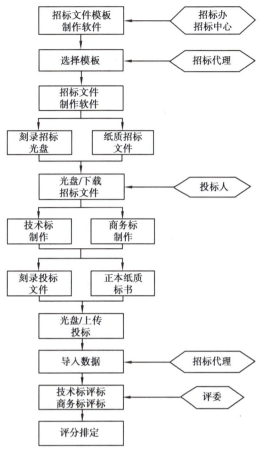

图4.1　电子评标流程图

⑥电子评标有利于节约招投标中心的成本。一些重大项目需要经异地评标专家来评议,通过电子评标的异地评标功能,评标专家在异地的指定地点即可参加评标,不仅节约了评标专家的交通、住宿、招待等费用,也节约了评标专家的时间,提高了评标效率。

【例4.1】招投标的程序。

某国有资金参股的常规智能化写字楼项目,经过相关部门批准拟采用邀请招标方式进行施工招标。招标人于10月8日向具备承担该项目能力的A,B,C,D,E发出投标邀请书,其中说明10月12—18日9:00—16:00在该招标人总工办领取招标文件,11月8日14:00为投标文件提交截止时间。该5个投标人均接受邀请,并按规定时间提交了投标文件,但投标人A在送出投标文件后发现报价估算有较严重的失误,遂赶在投标文件提交截止时间前10分钟提交了一份书面声明,撤回已提交的投标文件。

开标时,由招标人委托的市公证处人员检查投标文件的密封情况,确认无误后,由工作人员当众拆封。评标委员会委员全部由招标人直接确定,共由7人组成,其中招标人代表2人,本系统技术专家2人、经济专家1人,外系统技术专家1人、经济专家1人。

在评标过程中,评标委员会要求B,D两投标人分别对其施工方案作出详细说明,并对若干技术要点和难点提出问题,要求其提出具体、可靠的实施措施。作为评标委员的招标人代表希望投标人 B 再适当考虑一下降低报价的可能性。

按照招标文件中确定的综合评标标准,4 个投标人综合得分从高到低的顺序依次为 B,D,C,E,在未经招标人授权评标委员会可直接确定中标人的情况下,评标委员会直接确定 B 为中标人。投标人 B 为外地企业,招标人于 11 月 20 日将中标通知书以挂号方式寄出,投标人 B 于 11 月 24 日收到中标通知书。

从报价情况看,4 个投标人的报价从低到高的顺序依次为 D,C,B,E,因此,11 月 26 日至 12 月 21 日招标人又与中标人 B 就合同价格进行了多次谈判,投标人 B 将价格降到略低于投标人 C 的报价水平,最终双方于 12 月 22 日签订了书面合同。

请分析该项目招标投标程序的不妥之处。

【解】 该项目招标投标程序存在以下不妥之处:

①"评标委员会委员全部由招标人直接确定"不妥。

原因:常规智能化写字楼建设项目不应属于"技术复杂、专业性强或国家有特殊要求"的建设项目,在 7 名评标委员中招标人最多可选派 2 名招标人代表参加评标委员会;其他专家均应采取(从专家库中)随机抽取方式确定评标委员会委员。

②"评标委员会要求投标人提出具体、可靠的实施措施"不妥。

原因:按规定,评标委员会可以要求投标人对投标文件中含义不明确的内容作必要的澄清或者说明,但是澄清或者说明不得超出投标文件的范围或者改变投标文件的实质性内容,因此,不能要求投标人就实质性内容进行补充。

③"作为评标委员的招标人代表希望投标人 B 再适当考虑一下降低报价的可能性"不妥。

原因:招标人不得与投标人就投标价格、投标方案的实质性内容进行谈判。

④"评标委员会直接确定投标人 B 为中标人"不妥。

原因:只有招标人授权评标委员会可以直接确定中标人的权利,评标委员会才能直接确定中标人。

⑤"中标通知书发出后招标人与中标人就合同价格进行谈判"不妥。

原因:招标人和中标人应按照招标文件和投标文件订立书面合同,不得再行订立背离合同实质性内容的其他协议。

⑥订立书面合同的时间不妥。

原因:招标人和中标人应当自中标通知书发出之日(不是中标人收到中标通知书之日)起 30 日内订立书面合同,而本案例签订书面合同时距离中标通知书发出之日为 32 日。

【例 4.2】投标报价。

国有资金投资的依法必须公开招标的某建设项目,采用工程量清单计价方式进行施工招标,最高投标限价为 3 568 万元,其中暂列金额为 280 万元。

招标文件中规定:

①投标有效期为 90 天,投标保证金有效期与其一致。

②投标报价不得低于企业平均成本。

③近 3 年施工完成或在建的合同价超过 3 000 万元的类似工程项目不少于 3 个。

④合同履行期间:综合单价在任何市场波动和政策变化下均不得调整。

⑤缺陷责任期为3年,期满后退还预留的质量保证金。

投标过程中,投标人F在开标前1小时口头告知招标人,撤回了已提交的投标文件,要求招标人3日内退还其投标保证金。除F外,还有A,B,C,D,E 5个投标人参加了投标,其报价分别为3 489万元、3 470万元、3 358万元、3 209万元、3 542万元。

评标过程中,评标委员会发现投标人B的暂列金额按260万元计取,且对招标工程量清单中的材料暂估价下调5%后计入投标报价;发现投标人E的投标报价中,混凝土梁的综合单价为700元/m³,招标工程量清单中的工程量为520 m³,其投标清单合价为36 400元。其他投标人的投标文件均符合要求。

招标文件中规定的评分标准如下:商务标中的总报价评分60分,有效报价的算术平均数为评标基准价,报价等于评标基准价者得满分(60分),在此基础上,报价比评标基准价每下降1%,扣1分;每上升1%,扣2分。

问题:

(1)请逐一分析招标文件中规定的①~⑤项内容是否妥当,并对不妥之处说明理由。

(2)请指出投标人F的不妥之处,并说明理由。

(3)针对投标人B、投标人E的报价,评标委员会应分别如何处理?并说明理由。

(4)计算各有效报价投标人的总报价得分。(结果保留两位小数)

【解】 问题(1):

①妥当。

②不妥。理由:投标报价不得低于企业个别成本,不是企业平均成本。

③妥当。

④不妥。理由:国家法律、法规、政策、市场等变动影响合同价款的风险,应在合同中约定分担原则;当由发包人承担时,应当约定综合单价调整因素及幅度,以及调整办法。

⑤不妥。理由:缺陷责任期最长不超过24个月。

问题(2):"口头告知招标人,撤回了已提交的投标文件"不妥,"要求招标人3日内退还其投标保证金"不妥。理由:撤回已提交的投标文件应采用书面形式,招标人应当自收到投标人书面撤回通知之日起5日内退还其投标保证金。

问题(3):将投标人B按照废标处理,因为其未实质性响应招标文件,暂列金额应按280万元计取,材料暂估价应当按照招标工程量清单中的材料暂估价计入综合单价。

将投标人E按照废标处理,E报价中混凝土梁的综合单价为700元/m³合理,其投标清单合价为36 400元计算错误,应当以单价为准修改总价。混凝土梁的总价为700×520=364 000(元),364 000-36 400=327 600=32.76(万元),修正后E投标人报价为3 542+32.76=3 574.76(万元),超过了最高投标限价3 568万元,因此应按照废标处理。

问题(4):

评标基准价:(3 489+3 358+3 209)÷3=3 352(万元)

A投标人:3 489÷3 352×100%=104.09%

得分:60-(104.09-100)×2=51.82

C投标人:33 58÷3 352×100%=100.18%

得分:60-(100.18-100)×2=59.64

D 投标人:3 209÷3 352×100% =95.73%

得分:60-(100-95.73)×1 =55.73

【例4.3】 评标方法"经评审的最低投标价法"。

某工业厂房项目的招标人经过多方了解,邀请了 A,B,C 三家技术实力和资信俱佳的投标人参加该项目的投标。

招标文件中规定:评标时采用最低综合报价(相当于经评审的最低投标价)中标的原则,但是最低投标价低于次低投标价10%的报价将不予考虑。工期不得长于18个月,若投标人自报工期少于18个月,在评标时将考虑其给招标人带来的收益,折算成综合报价后进行评标。若实际工期短于自报工期,每提前1天奖励1万元;若实际工期超过自报工期,每拖延1天惩罚2万元。

投标人 A,B,C 的投标文件中与报价和工期有关的数据汇总于表4.1中。资金时间价值系数见表4.2。

假定:贷款月利率为1%,各分部工程每月完成的工作量相同,在评标时考虑工期提前给招标人带来的收益为每月40万元。

表4.1 投标参数汇总表

投标人	基础工程		上部结构工程		安装工程		安装工程与上部结构工程搭接时间/月
	报价/万元	工期/月	报价/万元	工期/月	报价/万元	工期/月	
A	400	4	1 000	10	1 020	6	2
B	420	3	1 080	9	960	6	2
C	420	3	1 100	10	1 000	5	3

表4.2 资金时间价值系数

n	2	3	4	6	7	8	9	10	12	13	14	15	16
$(P/A,1\%,n)$	1.970	2.941	3.902	5.795	6.728	7.625	8.566	9.471	…	…	…	…	…
$(P/F,1\%,n)$	0.980	0.971	0.961	0.942	0.933	0.923	0.914	0.905	0.887	0.879	0.870	0.861	0.853

问题:

(1)《中华人民共和国招标投标法》对中标人的投标应当符合的条件是如何规定的?

(2)若不考虑资金的时间价值,应选择哪家投标人作为中标人? 如果该中标人与招标人签订合同,则合同价为多少?

(3)若考虑资金的时间价值,应选择哪家投标人作为中标人?

【解】 问题(1):

《中华人民共和国招标投标法》第四十一条规定,中标人的投标应当符合下列条件之一:

①能够最大限度地满足招标文件中规定的各项综合评价标准;

②能够满足招标文件的实质性要求,并且经评审的投标价格最低,但是投标价格低于成本的除外。

问题(2):

计算各投标人的综合报价(即经评审的投标价):

投标人 A 的总报价为:400+1 000+1 020=2 420(万元)

总工期为:4+10+6-2=18(月)

相应的综合报价 P_A=2 420(万元)

投标人 B 的总报价为:420+1 080+960=2 460(万元)

总工期为:3+9+6-2=16(月)

相应的综合报价 P_B=2 460-40×(18-16)=2 380(万元)

投标人 C 的总报价为:420+1 100+1 000=2 520(万元)

总工期为:3+10+5-3=15(月)

相应的综合报价 P_C=2 520-40×(18-15)=2 400(万元)

因此,若不考虑资金的时间价值,投标人 B 的综合报价最低,应选择其作为中标人。
则合同价为投标人 B 的投标价 2 460 万元。

问题(3):

方法1:

①计算投标人 A 综合报价的现值。

基础工程每月工程款 A_{1A}=400/4=100(万元)

上部结构工程每月工程款 A_{2A}=1 000/10=100(万元)

安装工程每月工程款 A_{3A}=1 020/6=170(万元)

其中,第 13 个月和第 14 个月的工程款为:$A_{2A}+A_{3A}$=100+170=270(万元)

则投标人 A 的综合报价的现值为:

$$PV_A = A_{1A}(P/A,1\%,4) + A_{2A}(P/A,1\%,8)(P/F,1\%,4) + (A_{2A}+A_{3A})(P/A,1\%,2)$$
$$\quad (P/F,1\%,12) + A_{3A}(P/A,1\%,4)(P/F,1\%,14)$$
$$= 100×3.902+100×7.625×0.961+270×1.970×0.887+170×3.902×0.870$$
$$= 2\ 171.86(万元)$$

②计算投标人 B 综合报价的现值。

基础工程每月工程款 A_{1B}=420/3=140(万元)

上部结构工程每月工程款 A_{2B}=1 080/9=120(万元)

安装工程每月工程款 A_{3B}=960/6=160(万元)

工期提前每月收益 A_{4B}=40(万元)

其中,第 11 个月和第 12 个月的工程款为:$A_{2B}+A_{3B}$=120+160=280(万元)

则投标人 B 的综合报价的现值为:

$$PV_B = A_{1B}(P/A,1\%,3) + A_{2B}(P/A,1\%,7)(P/F,1\%,3) + (A_{2B}+A_{3B})(P/A,1\%,2)$$
$$\quad (P/F,1\%,10) + A_{3B}(P/A,1\%,4)(P/F,1\%,12) - A_{4B}(P/A,1\%,2)(P/F,1\%,16)$$
$$= 140×2.941+120×6.728×0.971+280×1.970×0.905+160×3.902×0.887-$$
$$\quad 40×1.970×0.853$$
$$= 2\ 181.44(万元)$$

③计算投标人 C 综合报价的现值。

基础工程每月工程款 $A_{1C}=420/3=140$(万元)

上部结构工程每月工程款 $A_{2C}=1\,100/10=110$(万元)

安装工程每月工程款 $A_{3C}=1\,000/5=200$(万元)

工期提前每月收益 $A_{4C}=40$(万元)

其中,第 11 个月至第 13 个月的工程款为:$A_{2C}+A_{3C}=110+200=310$(万元)

则投标人 C 的综合报价的现值为:

$$PV_C=A_{1C}(P/A,1\%,3)+A_{2C}(P/A,1\%,7)(P/F,1\%,3)+(A_{2C}+A_{3C})(P/A,1\%,3)$$
$$\quad(P/F,1\%,10)+A_{3C}(P/A,1\%,2)(P/F,1\%,13)-A_{4C}(P/A,1\%,3)(P/F,1\%,15)$$
$$\quad=140\times2.941+110\times6.728\times0.971+310\times2.941\times0.905+200\times1.970\times0.879-$$
$$\quad\quad40\times2.941\times0.861$$
$$\quad=2\,200.49(万元)$$

因此,若考虑资金的时间价值,投标人 A 的综合报价最低,应选择其作为中标人。

方法 2:

①计算投标人 A 综合报价的现值。

先按方法 1 计算 A_{1A},A_{2A},A_{3A},则投标人 A 综合报价的现值为:

$$PV_A=A_{1A}(P/A,1\%,4)+A_{2A}(P/A,1\%,10)(P/F,1\%,4)+A_{3A}(P/A,1\%,6)(P/F,1\%,12)$$
$$\quad=100\times3.902+100\times9.471\times0.961+170\times5.795\times0.887$$
$$\quad=2\,174.20(万元)$$

②计算投标人 B 综合报价的现值。

先按方法 1 计算 $A_{1B},A_{2B},A_{3B},A_{4B}$,则投标人 B 综合报价的现值为:

$$PV_B=A_{1B}(P/A,1\%,3)+A_{2B}(P/A,1\%,9)(P/F,1\%,3)+A_{3B}(P/A,1\%,6)(P/F,1\%,10)-$$
$$\quad A_{4B}(P/A,1\%,2)(P/F,1\%,16)$$
$$\quad=140\times2.941+120\times8.566\times0.971+160\times5.795\times0.905-40\times1.970\times0.853$$
$$\quad=2\,181.75(万元)$$

③计算投标人 C 综合报价的现值。

先按方法 1 计算 A_{1C},A_{2C},A_{3C},则投标人 C 综合报价的现值为:

$$PV_C=A_{1C}(P/A,1\%,3)+A_{2C}(P/A,1\%,10)(P/F,1\%,3)+A_{3C}(P/A,1\%,5)(P/F,1\%,10)-$$
$$\quad A_{4C}(P/A,1\%,3)(P/F,1\%,15)$$
$$\quad=140\times2.941+110\times9.471\times0.971+200\times4.853\times0.905-40\times2.941\times0.861$$
$$\quad=2\,200.50(万元)$$

因此,若考虑资金的时间价值,投标人 A 的综合报价最低,应选择其作为中标人。

【例4.4】评标方法"综合评价法"。

某市重点工程项目计划投资 4 000 万元,采用工程量清单计价方式公开招标。经资格预审后,确定 A,B,C 为合格投标人。投标人 A,B,C 分别于 10 月 13 至 14 日领取了招标文件,同时按要求提交投标保证金 50 万元,购买招标文件费 500 元。

招标文件规定:投标截止时间为 10 月 31 日,投标有效期截止时间为 12 月 30 日,投标保证金有效期截止时间为次年 1 月 30 日。招标人对开标前的主要工作安排为:10 月 16 至 17

日,由招标人分别安排各投标人踏勘现场;10 月 20 日,举行投标预备会,会上主要对招标文件和招标人能提供的施工条件等内容进行答疑,考虑各投标人拟订的施工方案和技术措施不同,将不对施工图做任何解释。各投标人按时提交了投标文件,所有投标文件均有效。

评标办法规定,商务标权重 60 分(包括总报价 20 分,分部分项工程综合单价 10 分,其他内容 30 分),技术标权重 40 分。

(1)总报价的评标方法:评标基准价等于各有效投标总报价的算术平均值下浮 2 个百分点。当投标人的投标总价等于评标基准价时得满分,投标总价每高于评标基准价 1 个百分点时扣 2 分,每低于评标基准价 1 个百分点时扣 1 分。

(2)分部分项工程综合单价的评标方法:在清单报价中按合价大小抽取 5 项(每项权重 2 分),分别计算投标人综合单价报价平均值,投标人所报综合单价在平均值的 95% ~102% 的得满分,超出该范围的,每超出 1 个百分点扣 0.2 分。

各投标人总报价和抽取的异形梁 C30 混凝土综合单价见表 4.3。

表 4.3　投标数据表

投标人	A	B	C
总报价/万元	3 179.00	2 998.00	3 213.00
异形梁 C30 混凝土综合单价/(元·m^{-3})	456.20	451.50	485.80

除总报价之外的其他商务标和技术标得分见表 4.4。

表 4.4　投标人其他商务标和技术标得分表

投标人	A	B	C
商务标(除总报价之外)得分	32	29	28
技术标得分	30	35	37

问题:

(1)在该工程开标之前所进行的招标工作有哪些不妥之处?请说明理由。

(2)列式计算总报价和异形梁 C30 混凝土综合单价的报价平均值,并计算各投标人的得分(结果保留两位小数)。

(3)列式计算各投标人的总得分,根据总得分的高低确定第一中标候选人。

(4)评标工作于 11 月 1 日结束并于当天确定中标人。11 月 2 日招标人向当地主管部门提交了评标报告;11 月 10 日招标人向中标人发出中标通知书;12 月 1 日招标人和中标人签订了施工合同;12 月 3 日招标人将未中标结果通知给另两家投标人,并于 12 月 9 日将投标保证金退还给未中标人。请指出评标结束后招标人的工作有哪些不妥之处并说明理由。

【解】问题(1):

①要求投标人领取招标文件时提交投标保证金不妥,应在投标截止时间前提交。

②投标保证金有效期截止时间不妥,应与投标有效期截止时间为同一时间。

③投标截止时间不妥,从招标文件发出到投标截止时间不能少于 20 日。

④踏勘现场安排不妥,招标人不得单独或者分别组织任何一个投标人进行现场踏勘。

⑤投标预备会上对施工图纸不做任何解释不妥,因为招标人应就图纸进行交底和解释。

问题(2):

①总报价平均值=(3 179+2 998+3 213)/3=3 130.00(万元)

评分基准价=3 130×(1−2%)=3 067.40(万元)

②异形梁 C30 混凝土综合单价报价平均值=(456.20+451.50+485.80)/3=464.50(元/m³)

总报价和异形梁 C30 混凝土综合单价评分见表 4.5。

表 4.5　总报价和异形梁 C30 混凝土综合单价评分表

评标项目		投标人		
		A	B	C
总报价评分	总报价/万元	3 179.00	2 998.00	3 213.00
	总报价评分基准价百分比/%	103.64	97.74	104.75
	扣分	7.28	2.26	9.50
	得分	12.72	17.74	10.50
异形梁 C30 混凝土综合单价评分	综合单价/(元·m⁻³)	456.20	451.50	485.80
	综合单价占平均值/%	98.21	97.20	104.59
	扣分	0	0	0.52
	得分	2.00	2.00	1.48

问题(3):

投标人 A 的总得分:30+12.72+32=74.72(分)

投标人 B 的总得分:35+17.74+29=81.74(分)

投标人 C 的总得分:37+10.50+28=75.50(分)

所以,第一中标候选人为 B 投标人。

问题(4):

①招标人向主管部门提交的书面报告内容不妥,应提交招投标活动的书面报告,而不仅仅是评标报告。

②招标人仅向中标人发出中标通知书不妥,还应同时将中标结果通知未中标人。

③招标人通知未中标人时间不妥,应在向中标人发出中标通知书的同时通知未中标人。

④退还未中标人的投标保证金时间不妥,招标人最迟应当在书面合同签订后的 5 日内向中标人和未中标的投标人退还投标保证金及银行同期存款利息。

【例 4.5】投标策略。

某施工单位参与某高层商用办公楼土建工程的投标(安装工程由业主另行招标)。为了既不影响中标,又能在中标后取得较好的收益,决定采用不平衡报价法对原估价作适当调整,具体见表 4.6。

表 4.6 报价调整前后对比表 单位:万元

	桩基围护工程	主体结构工程	装饰工程	总价
调整前 (投标估价)	1 480	6 600	7 200	15 280
调整后 (正式报价)	1 600	7 200	6 480	15 280

现假设桩基围护工程、主体结构工程、装饰工程的工期分别为 4 个月、12 个月、8 个月,贷款月利率为 1%,资金时间价值系数见表 4.7,并假设各分部工程每月完成的工作量相同且能按月度及时收到工程款(不考虑工程款结算所需要的时间)。

表 4.7 资金时间价值系数

n	4	8	12	16
$(P/A,1\%,n)$	3.902 0	7.651 7	11.255 1	14.717 9
$(P/F,1\%,n)$	0.961 0	0.923 5	0.887 4	0.852 8

问题:

(1)该施工单位运用不平衡报价法是否恰当?为什么?

(2)采用不平衡报价法后,该施工单位所得工程款的现值比原估价增加多少(以开工日期为折现点)?

【解】问题(1):恰当。因为该施工单位是将属于前期工程的桩基围护工程和主体结构工程的单价调高,而将属于后期工程的装饰工程的单价调低,可以在施工的早期阶段收到较多的工程款,从而提高施工单位所得工程款的现值,而且这三类工程单价的调整幅度均在10% 以内,属于合理范围。

问题(2):

①单价调整前的工程款现值。

桩基围护工程每月工程款:$A_1=1\ 480/4=370$(万元)

主体结构工程每月工程款:$A_2=6\ 600/12=550$(万元)

装饰工程每月工程款:$A_3=7\ 200/8=900$(万元)

则单价调整前的工程款现值:

$PV=A_1(P/A,1\%,4)+A_2(P/A,1\%,12)(P/F,1\%,4)+A_3(P/A,1\%,8)(P/F,1\%,16)$

$=370\times3.902\ 0+550\times11.255\ 1\times0.961\ 0+900\times7.651\ 7\times0.852\ 8$

$=1\ 443.74+5\ 948.88+5\ 872.83$

$=13\ 265.45$(万元)

②单价调整后的工程款现值。

桩基围护工程每月工程款:$A_1'=1\ 600/4=400$(万元)

主体结构工程每月工程款:$A_2'=7\ 200/12=600$(万元)

装饰工程每月工程款：$A'_3 = 6\ 480/8 = 810$（万元）

则单价调整后的工程款现值：

$$PV' = A'_1(P/A,1\%,4) + A'_2(P/A,1\%,12)(P/F,1\%,4) + A'_3(P/A,1\%,8)(P/F,1\%,16)$$

$$= 400×3.902\ 0 + 600×11.255\ 1×0.961\ 0 + 810×7.651\ 7×0.852\ 8$$

$$= 1\ 560.80 + 6\ 489.69 + 5\ 285.55$$

$$= 13\ 336.04（万元）$$

③两者的差额。

$$PV' - PV = 13\ 336.04 - 13\ 265.45 = 70.59（万元）$$

因此，采用不平衡报价法后，该施工单位的现值比原估价增加 70.59 万元。

4.2 建设工程合同

4.2.1 建设工程合同概述

1)建设工程合同的定义

建设工程合同是指发包方(建设单位)和承包方(施工单位)为了完成商定的施工工程，明确彼此权利和义务的协议。依照施工合同，施工单位应完成建设单位交给的施工任务，建设单位应按照规定提供必要条件并支付工程价款。

2)建设工程施工合同的作用

建设工程施工合同是承包人进行工程建设施工，发包人支付价款的合同；是建设工程的主要合同；同时也是工程建设质量控制、进度控制、投资控制的主要依据。施工合同的当事人是发包方和承包方，双方是平等的民事主体。

3)建设工程施工合同的内容

目前，我国的《建设工程施工合同(示范文本)》(GF-2017-0201)借鉴了国际上广泛使用的 FIDIC 土木工程合同，由住建部、国家工商行政管理总局联合发布，主要由合同协议书、通用合同条款和专用合同条款三部分组成，并有 3 个附件："承包人承揽工程项目一览表""发包人供应材料设备一览表""工程质量保证书"。

建设工程施工合同的主要内容包括：

①工程范围。

②建设工期。

③中间交工工程的开工和竣工时间。一项整体的建设工程，往往由许多中间工程组成。中间工程的完工时间影响着后续工程的开工，制约着整个工程的顺利完成。因此，在施工合同中需要对中间工程的开工和竣工时间做出明确规定。

④工程质量。

⑤工程造价。工程造价因采用不同的计价方法，会产生巨大的价款差额。在以招标投标方式签订的合同中，应以中标时确定的金额为准；如按初步设计总概算投资包干时，应以经审批的概算投资中与承包内容相应部分的投资(不包括相应的不可预见费)为工程价款；

如按施工图预算包干,则应以审查后的施工图总预算或综合预算为准。在建筑安装合同中,能准确确定工程价款的,需予以明确规定。如在合同签订当时尚不能准确计算出工程价款的,尤其是按施工图预算加现场签证和按时结算的工程,在合同中需明确规定工程价款的计算原则,具体约定执行定额、计算标准以及工程价款的审定方式等。

⑥技术资料交付时间。工程的技术资料,如勘察、设计资料等,是进行建筑施工的依据和基础,发包方必须将工程的有关技术资料全面、客观、及时地交付给施工方,才能保证工程的顺利进行。

⑦材料和设备的供应责任。

⑧拨款和结算。施工合同中,工程价款的结算方式和付款方式因采用不同的合同形式而有所不同。采用何种方式进行结算,需双方根据具体情况进行协商,并在合同中明确约定。对于工程款的拨付,需根据付款内容由当事人双方确定,具体有工程预付款、工程进度款、竣工结算款、质量保证金 4 项。

⑨竣工验收。对建设工程验收方法、程序和标准,国家制定了相应法律法规予以规范。

⑩质量保修范围和质量保证期。施工工程在办理移交手续后,在规定的期限内,因施工、材料等问题造成的工程质量缺陷,要由施工单位负责维修、更换。国家对建筑工程的质量保证期限一般有明确的要求。

因施工单位的问题致使建设工程质量不符合约定的,施工单位应承担以下责任:

a. 无偿修理或者返工、改建。承包人根据不合格工程的具体情况,予以修理或返工改建,使之达到合同约定的质量要求。承包人修理、返工、改建所支出的费用,均由其自行承担。

b. 逾期违约责任。因承包人的问题使工程质量不合格,虽经承包人修理、返工、改建后,达到合同约定的质量标准,但因修理、返工、改建导致工期逾期交付的,与一般的履行迟延相同,承包人应当承担延期履行的违约责任,赔偿发包人因此而遭受的损失。

⑪相互协作条款。相互协作,协助对方履行义务,如在施工过程中及时提交相关技术资料、通报工程情况等。施工合同与勘察、设计合同一样,不仅需要当事人各自积极履行义务,还需要当事人在完工时及时进行检查验收等。

4.2.2　合同的计价方式

业主与承包商签订的合同,按支付方式不同可分为总价合同、单价合同和成本加酬金合同三大类型。建设工程勘察、设计合同和设备加工采购合同,一般为总价合同;而建设工程施工合同则根据招标准备情况和工程项目特点不同,可选择其适用的一种合同。

1)总价合同

总价合同又分为固定总价合同、可调整总价合同和固定工程量总价合同。固定总价合同是指合同双方以招标时的图纸和工程量等为依据,承包商按投标时业主接受的合同价格承包实施,并一次包死。在合同履行过程中,如果业主没有要求变更原定的承包内容,圆满实施承包工作内容后,不论承包商的实际成本是多少,均应按合同价支付工程款。采用这种合同形式,承包商要考虑承担合同履行过程中的主要风险,因此投标报价一般较高。

固定总价合同的适用条件一般为:招标时的设计深度已达到施工图设计阶段,合同履行过程中不会出现较大的设计变更；工程规模较小、技术不太复杂的中小型工程或承包工作内容中较为简单的工程部位；合同工期较短，一般为 1 年期以内等。

可调整总价合同与固定总价合同基本相同，但合同期较长（1 年以上），只是在固定总价合同的基础上，增加合同履行过程中因市场价格浮动等因素对承包价格调整的条款。通常的调价方法有文件证明法、票据价格调整法和公式调价法 3 种。

固定工程量总价合同是指在工程量报价单内，业主按单位工程及分项工程内容列出实施工程量，承包商分别填报各项内容的直接费单价，然后再汇总算出总价，并据以签订合同，合同内原定工作内容全部完成后，业主按总价支付给承包商全部费用。如果中途发生设计变更或增加新的工作内容，则用合同内已确定的单价来计算新增工程量而对总价进行调整。

2）单价合同

单价合同是指承包商按招标工程量清单内分项工程内容填报单价，以实际完成工程量乘以所报单价计算结算款的合同。承包商填报的单价应为计算各种摊销费用以后的综合单价，而非直接费单价。合同履行过程中无特殊情况，一般不得变更单价。单价合同的执行原则是：招标工程量清单中分项开列的工程量，在合同实施过程中允许有上下浮动变化，但该项工作内容的单价不变，结算支付时以实际完成的工程量为依据。

单价合同大多用于工期长、技术复杂、实施过程中发生各种不可预见因素较多的大型复杂工程，以及业主为了缩短项目建设周期，初步设计完成后就进行施工招标的工程。单价合同的工程量清单内所列的工程量为估计工程量，而非准确工程量。常用的单价合同有估计工程量单价合同、纯单价合同和单价与包干混合合同 3 种。

3）成本加酬金合同

成本加酬金合同是将工程项目的实际投资划分为直接成本费和承包商完成工作后应得酬金两部分。实施过程中发生的直接成本费由业主实报实销，另按合同约定的方式付给承包商相应的报酬。成本加酬金合同大多适用于边设计边施工的紧急工程或灾后修复工程，以议标方式与承包商签订合同。由于在签订合同时，业主还提供不出可供承包商准确报价的详细资料，因此合同内只能商定酬金的计算方法。按照酬金的计算方式不同，成本加酬金合同又可分为成本加固定百分比酬金合同、成本加固定酬金合同、成本加浮动酬金合同及目标成本加奖罚合同 4 种类型。此外，还可以另行约定工期奖罚计算办法，这种合同有助于鼓励承包商节约成本和缩短工期，业主和承包商都不会承担太大风险。

练习题

1. 单选题

（1）采用邀请招标时，应至少邀请（   ）个投标人。

    A. 1   B. 2   C. 3   D. 4

（2）根据《中华人民共和国招标投标法》，对于依法必须进行招标的项目，自招标文件开始发出之日起至投标人提交投标文件截止之日止，最短不得少于（   ）日。

    A. 10   B. 20   C. 30   D. 60

（3）某招标项目估算价 1 000 万元，投标截止日为 8 月 30 日，投标有效期为 9 月 25 日，则该项目投标保证金金额和其有效期应是（　　）。

A. 最高不超过 30 万元，有效期为 9 月 25 日

B. 最高不超过 30 万元，有效期为 8 月 30 日

C. 最高不超过 20 万元，有效期为 8 月 30 日

D. 最高不超过 20 万元，有效期为 9 月 25 日

（4）根据《中华人民共和国招标投标法实施条例》，投标人撤回已提交的投标文件，应当在（　　）前通知招标人。

A. 投标截止时间　　　　　　B. 评标委员会开始评标

C. 评标委员会结束评标　　　D. 招标人发出中标通知书

（5）根据《中华人民共和国招标投标法实施条例》，下列评标过程中出现的情形，评标委员会可要求投标人作出书面澄清和说明的是（　　）。

A. 投标人报价高于招标文件设定的最高投标限价

B. 不同投标人的投标文件载明的项目管理成员为同一人

C. 投标人提交的投标保证金低于招标文件的规定

D. 在投标文件中发现有含义不明确的文字内容

（6）工程项目合同以付款方式划分为：①总价合同；②单价合同；③成本加酬金合同。按业主所承担的风险从小到大排序，应该是（　　）。

A.③②①　　　B.①②③　　　C.③①②　　　D.①③②

（7）关于评标，下列说法不正确的是（　　）。

A. 评标委员会成员名单一般应于开标前确定，且该名单在中标结果确定前应当保密

B. 评标委员会必须由技术、经济方面的专家组成，且其人数为 5 人以上的单数

C. 评标委员会成员应从事相关专业领域工作满 8 年并具有高级职称或者同等专业水平

D. 评标委员会成员不得与任何投标人进行私人接触

（8）在工程评标过程中，符合性评审是指（　　）。

A. 审查工程材料和机械设备供应的技术性能是否符合设计要求

B. 对报价构成的合理性进行评审

C. 对施工方案进行评审

D. 审查投标文件是否响应招标文件的所有条款和条件，有无明显的差异或保留

（9）我国建设项目招标投标在完成招标活动的准备工作、招标公告和投标邀请书的编制与发布之后，还要做①编制和发售招标文件；②资格审查；③召开投标预备会；④勘察现场；⑤建设项目投标；⑥开标、评标和定标等工作。顺序是（　　）。

A.②①③④⑤⑥　　　　　　B.②①④③⑤⑥

C.①③④⑤②⑥　　　　　　D.①④③⑤⑥②

（10）下列关于单价合同中承包商风险的说法，正确的是（　　）。

A. 单价合同中承包商存在工程量方面的风险

B. 固定单价合同条件下,承包商存在通货膨胀带来的单价上涨的风险

C. 单价合同中承包商存在投标总价过低方面的风险

D. 变动单价合同,承包商存在通货膨胀带来的单价上涨的风险

(11)某按变动单价计价的建筑施工合同,投标时约定的工程量为 10 000 m³,其中人工费占30%,工程量变化不调整单价,中标合同价为 30 万元;施工期间人工费平均上涨15%,竣工结算工程量为 20 000 m³,其他条件均无变化,则竣工结算价为( )万元。

A. 62.7   B. 31.35   C. 60   D. 69

2. 多选题

(1)下列关于建设工程招标投标的说法,错误的是( )。

A. 应遵循公开、公正、公平和诚实信用的原则

B. 招标人不得邀请特定的投标人

C. 公开招标的项目应发布招标公告

D. 招标文件中应载明投标有效期

E. 分批组织部分投标人踏勘现场

(2)某单价合同的投标报价中,钢筋混凝土工程量为 1 000 m³,投标单价是 300 元/m³,合价为 30 000 元,投标报价的总价为 8 100 000 元,下列关于此投标报价的说法,正确的有( )。

A. 钢筋混凝土的合价应该是 300 000 元,投保人报价有明显计算错误,业主可以先做修改再评标

B. 该单价合同若采用固定单价合同,实际工程量为 2 000 m³,则钢筋混凝土的价款金额应为 600 000 元

C. 该单价合同若采用固定单价合同,无论发生影响价格的任何因素,都不对投标单价进行调整

D. 该单价合同若采用变动单价合同,双方可以约定在实际工程量变化较大时对该投标单价进行调整

E. 评标时应根据单价优先原则对总报价进行修改,正确报价应为 8 400 000 元

(3)采用固定总价合同时,承包商承担的价格风险有( )。

A. 漏报项目   B. 报价计算错误   C. 工程范围不确定

D. 工程量计算错误   E. 物价和人工费上涨

(4)下列关于总价合同的说法,正确的有( )。

A. 当施工内容及有关条件发生变化时,业主付给承包商的价款总额不变

B. 采用总价合同的前提是施工图设计已完成,施工任务和范围比较明确

C. 总价合同中业主的风险较大,承包商的风险较小

D. 总价合同中可约定当发生设计变更时对合同价格进行调整

E. 总价合同在施工进度上能调动承包商的积极性

(5)在建设工程项目评标的详细评审阶段,主要是对投标文件进行( )。

A. 符合性评审   B. 技术性评审   C. 商务性评审

D. 偏差分析   E. 有效性分析

（6）组成建设工程施工合同的文件包括(　　)。

A. 施工合同协议书　　　B. 中标通知书　　　　　　C. 招标文件

D. 投标书及其附件　　　E. 工程量清单

3. 案例题

（1）建设单位自行组织招标,招标文件规定:合格投标人为本省企业;自招标文件发出之日起 15 日后投标截止;招标人对投标人提出的疑问分别以书面形式回复给提出疑问的相应投标人。建设行政主管部门评审招标文件时,认为个别条款不符合相关规定,要求整改后再进行招标。

问题:请指出该招标文件规定的不妥之处,并说明理由。

（2）某办公楼的招标人于 2021 年 10 月 8 日向具备承担该项目能力的 A,B,C,D,E 5 家施工单位发出投标邀请书,其中说明 10 月 12 至 18 日 9:00 至 16:00 在该招标人总工程师室领取招标文件,11 月 8 日 14:00 为投标截止时间。该 5 家施工单位均接受邀请,并按规定时间提交了投标文件。但施工单位 A 在送出投标文件后发现报价估算有较严重的失误,遂赶在投标截止时间前 10 分钟递交了一份书面声明,撤回已提交的投标文件。

开标时,由招标人委托的市公证处人员检查投标文件的密封情况,确认无误,由工作人员当众拆封。由于施工单位 A 已撤回投标文件,故招标人宣布有 B,C,D,E 4 家施工单位投标,并宣读该 4 家施工单位的投标价格、工期和其他主要内容。

评标委员会委员由招标人直接确定,共由 7 人组成,其中招标人代表 2 人,本系统技术专家 2 人,经济专家 1 人,外系统技术专家 1 人、经济专家 1 人。

在评标过程中,评标委员会要求 B,D 两投标人分别对其施工方案作出详细说明,并对若干技术要点和难点提出问题,要求其提出具体、可靠的实施措施。作为评标委员的招标人代表希望投标人 B 再适当考虑一下降低报价的可能性。

按照招标文件中确定的综合评标标准,4 个投标人综合得分从高到低的顺序依次为 B,D,C,E,故评标委员会确定投标人 B 为中标人。由于投标人 B 为外地企业,招标人于 11 月 10 日将中标通知书以挂号方式寄出,投标人 B 于 11 月 14 日收到中标通知书。

从报价情况看,4 个投标人的报价从低到高的顺序依次为 D,C,B,E,因此,11 月 16 日至 12 月 9 日招标人又与投标人 B 就合同价格进行了多次谈判,结果投标人 B 将价格降到略低于投标人 C 的报价水平,最终双方于 12 月 12 日签订了书面合同。

问题:请指出该招投标过程的不妥之处,并说明理由。

（3）某工程项目业主邀请甲、乙、丙三家单位参加投标。根据招标文件的要求,这三家投标单位分别将各自报价按施工进度计划分解为逐月工程款,具体见表 4.8。招标文件中规定按逐月进度拨付工程款,若甲方不能及时拨付工程款,则以每月 1% 的利率计息;若乙方不能保证逐月进度,则以每月拖欠工程部分的 2 倍工程款滞留至工程竣工(滞留工程款不计息)。

评标规则规定,按综合百分制评标,商务标和技术标分别评分,商务标权重为 60%,技术标权重为 40%。商务标的评标规则:以三家投标单位的工程款现值的算术平均数(取整数)为评标基数,工程款现值等于评标基数的得 100 分,工程款现值每高出评标基数 1 万元扣 1 分,每低于评标基数 1 万元扣 0.5 分(商务标评分结果取 1 位小数)。资金时间价值系数见表 4.9。

技术标评分结果:甲、乙、丙三家投标单位分别得 98 分、96 分、94 分。

表4.8　各投标单位逐月工程款汇总表　　　　　单位:万元

投标单位	1月	2月	3月	4月	5月	6月	7月	8月	9月	10月	11月	12月	工程款合计
甲	90	90	90	180	180	180	180	180	230	230	230	230	2 090
乙	70	70	70	160	160	160	160	160	270	270	270	270	2 090
丙	100	100	140	140	140	140	300	300	180	180	180	180	2 080

表4.9　资金时间价值系数

n	2	3	4	5	6	7	8
$(P/A,1\%,n)$	1.970 4	2.941 0	3.902 0	4.853 4	5.795 5	6.728 2	7.651 7
$(P/F,1\%,n)$	0.980 3	0.970 6	0.961 0	0.951 5	0.942 0	0.932 7	0.923 5

问题:

①若以工程开工日期为折现点,三家投标单位的工程款现值各是多少万元(结果取整数)?

②试计算三家投标单位的商务标得分和综合得分。

③试以得分最高者中标的原则确定中标单位。

(4)2022年11月12日,经过公开招投标,某承包商承接了某住宅小区市政配套工程项目。双方签订了固定总价合同。该工程主要为道路、排水工程。合同中关于合同价款与调整有如下约定:

①本工程采用固定总价合同形式,投标报价一次包死,结算不调整。施工合同所叙述的合同总价已包含承包人完成施工合同协议书的内容和图纸及工程量清单内所说明的所有工作项目。

②在合同工程执行中,如发生下述情况之一时,可对合同价款进行调整:a. 招标图纸和施工图纸差异;b. 设计变更;c. 合同中规定的其他调整情况。

由于本工程招投标时所使用的图纸与工程实施时使用的图纸差异较大,同时本工程又采用固定总价合同,这就造成在合同履行过程中可能会产生多方争议,给最终的决算带来很大难度。

①工程量的争议:承包商在施工中发现工程量清单中有部分工程量少算。例如多余土方外运,实际施工中土方外运较原工程量清单中所提供的工程量多1 000 m³。承包商认为按照工程量清单计价规则,业主应该对所提供的工程量清单中的工程量负责,承包商只对投标单价负责,要求业主补偿工程量清单中少算工程量的价款。而审计单位认为,因为本工程为固定总价合同,所以工程量少算应由承包商自己承担后果。

②设计变更的争议:本工程污水管道施工中,承包商发现污水总管道出口设计标高与现场原管道实际标高不相符,承包商向业主反应了情况,经设计单位研究决定将原污水管道标高降低,但是并没有给出相关设计变更手续。此变更大大增加了污水管道的造价,承包商提出污水管道的单价应按实际情况结算。审计单位认为,固定总价合同一经签订,承包商首先要承担的是价格风险,且此设计变更没有设计单位出具的图纸设计变更联系单,所以不予调整。

对这两个争议应如何解决?

模块 5
施工阶段造价计价控制

【学习目标】

- 了解工程变更价款的确定方法；
- 了解工程索赔的内容以及索赔成立的条件与依据；
- 掌握索赔的程序及计算；
- 掌握工程预付款的计算方法；
- 掌握工程价款的结算方法；
- 了解竣工决算的内容；
- 掌握新增固定资产的构成及其价值的确定。

【情景导入】

有效的三峡工程价款结算办法

中国三峡总公司作为三峡大坝建设单位之一，在三峡工程（图 5.1）施工以来工程结算业务发生了 2 万多笔，从来没有发生一笔多结、少结、重结、漏结、错结的会计业务，更没有因为价款结算原因拖欠承包单位的资金。他们探索和积累了一套成功的经验，得到国家审计署和国务院相关单位的充分肯定。

1. 结算依据明确

结算依据是：

①业主单位（即项目法人）、承包单位（即施工单位）双方共同签订的发、承包合同（或协议）。

②业主单位驻工地的工程建设部（含所属工程项目部）签署的已完工程月报表（又称月付款证书）。

③业主单位财务部签署的工程价款结算账单。

工程的设计修改超出已签合同规定的范围，需要调整工程量或调整结算单价的，按审定

图5.1　长江三峡工程

的合同变更清单办理。

下列情况不予结算：

①没有签订合同(或协议)的工程项目；

②工程项目中质量不合格的部分；

③未经业主单位驻工地的工程建设部(含所属工程项目部)验收核实(或无计算依据)的工程量、工程价。所谓验收核实是指业主委托的测量队或检测中心的检测,检验单上有检测人和复核人的签名认可。计量及验收细则按国家颁布的验收规程和三峡工程具体情况,已有另行规定。

2.结算方法清晰

①结算时间:实行月度结算,元月份计时为1月1日至25日,12月份计时为11月25日至12月31日,其余各月计时为上月26日至当月25日。

②工程预付款和备料款按以下原则办理：

a. 工程预付款和备料款按业主单位与承包单位双方共同签订的合同支付和抵扣。对周期较长的项目,采用年度预付款的形式,即根据当年的工作量预付当年的预付款,并在年度结算内逐步扣回。

b. 个别项目因工程急需来不及签订合同(或协议)的,为不影响工程建设,可由业主单位的工程建设部(含所属工程项目部)根据形象进度和国家有关付款额度规定,提出一定比例的预付工程款,填制工程预付款账单。例如,三峡二期工程施工高峰期间,为解决主要承包单位流动资金不足,业主单位采取积极的资金扶持措施,向主要承包单位提供专项流动资金。其使用范围限于主要施工设备、施工周转性材料、砂石料和搅拌生产系统的备品、备件项目的购置。专项流动资金按业主垫资款办理。专项流动资金有总额度和施工单位的分额度。专项流动资金的使用由业主单位的财务部与使用单位签订协议。支付时,由使用单位提出申请,经业主单位的工程建设部(含所属工程项目部)审核后,财务部支付。专项流动资金实行专款专用,不得挪用。对于使用单位违规行为,视其违规程度给予5%～10%的罚款,情节严重的,取消垫资协议。专项流动资金的扣还,原则上按使用单位承担的三峡二期工程合同支付达50%的合同金额时开始扣还,合同支付达90%的合同金额时须扣完全部专项流动资金。起扣时间和分年度的扣款额度因不同项目而异。为加快施工单位的投入,业主单位组织设计、监理等单位及时对合同的变更、索赔项目进行审理。对一些变更可以成立,但金额较大,一时难以准确处理的变更和补偿项目可以采用预付的办法过渡解决,以便承包单位能够按合同计划及时组织实施,确保工程进度和质量。

c.因特殊原因,工程预付款和备料款不能按合同规定抵扣时,由业主单位的工程项目部提出意见,经业主单位分管领导审批后,按应扣数额每月0.03%计息。

③建设期间,业主单位付给承包单位的备料款,工程预付款和工程进度款的总额,不论时间长短,均不得超过合同总额的90%。其余部分5%在工程缺陷修复期支付;另外5%为工程质量保证金,在工程竣工验收合格并提供全部竣工资料,一年后,保修期满结算。

3.结算程序规范

①每月27日前,由承包单位编制已完工程月报表一式7份及变更合同量清单,送监理单位,据以审查已完工程的形象进度、质量、数量和工程结算价款。变更合同量清单事先需经业主单位计划合同部门审签后,再填列工程价款结算账单。

②每月28日至29日,由监理单位负责工程项目的施工形象进度和计量验收、计价和质量评定工作。

③当月29日,监理单位在已完工程月报表上签署工程形象进度、质量、工程量和工程结算价款的审核意见。对工程质量的评定要签具合格、不合格的结论性意见。对于不合格的部分,应指明工程项目、工程量,并提出处理意见,一式7份送工程建设部的项目工程部复审。

④次月1日,业主单位的工程项目部在已完工程月报表上签字后,一份返给监理单位;一份给承包单位,据以填制工程价款结算账单;一份给业主单位的档案馆或工程技术部,据以登记设计量台账;一份给业主单位的计划合同部,据以登记统计合账;一份给业主单位的财务部,据以登记工程价款结算台账(即工程投资完成台账);一份自留,据以登记验收台账和设计量调整台账;一份送三峡财务公司或中国建设银行三峡专业分行。

业主单位的工程项目部按编制合同编号目录和按工程量报价单项目排列出合同单价系列表一式3份,一份送业主单位财务部;一份送业主单位计划合同部;一份自留,据以核对结算单价,合同金额在1 000万元以上的需经业主单位的计划合同部核定。计划合同部在次月15日前提出认定清单一式5份,一份送业主单位的工程建设部所属项目部;一份送监理单位;一份送业主单位的财务部;一份送三峡财务公司或中国建设银行三峡专业分行;一份自留,据以办理结算。若变更合同和单价,一时难以商定的,为不影响工程建设,可以实行预结,然后按季补签协议,并按协议对预结款多退少补。

⑤次月2日至3日,由承包单位根据审定的已完工程月报表填制已完工程价款结算账单一式5份,送三峡财务公司或中国建设银行三峡专业分行审签。次月4至10日,承包单位将三峡财务公司或中国建设银行三峡专业分行审签的结算账单送业主单位财务部,业主单位财务部对结算工程价款进行核实和抵扣预付工程款、预付备料款、代扣款、扣除质量保证金等,经办人签字后,实行分级审签。

⑥业主单位财务部将签章的已完工程价款结算账单,向承包单位办理银行划拨手续。并将签章的工程价款结算账单返回承包单位一份;返回三峡财务公司或中国建设银行三峡专业分行一份;返回业主单位的工程建设部所属项目部、计划合同部各一份,据以登记合同

台账；自留一份，据以登记工程价款结算台账和填制会计凭证。

⑦逾期结算方面，各方均按合同条款承担责任划分，按延付金额的每日 0.03% 支付滞纳金。

⑧没有实行监理单位负责制的少数临时工程项目，承包单位在每月 27 日前填制已完工程月报表，一式 6 份，送业主单位的工程建设部的项目工程部。经项目工程部和计划合同部审签后，送三峡财务公司或中国建设银行三峡专业分行和业主单位财务部，据以审核承包单位填制的工程价款结算账单。

按照以上结算程序，承包单位、监理单位、业主单位、经办银行直接参与工程价款结算工作的人员在 30 人左右。

以上结算在电子信息办公化之前，均用手工操作，建立健全相应的手工台账。在计算机系统建立后，用电子信息自动化处理。所有的工程价款结算和合同执行情况与国家审批的工程初步设计概算和业主根据初步设计概算编制的执行概算对照一览表，在三峡总公司内部电子网上一目了然，相关人员可以在自己的办公桌上随时查询，透明度很强。

工程价款结算报表、账单，由中国三峡总公司统一印制。业主单位受国家税务部门的委托，对建筑安装工程营业税及其附加实行统一代扣代缴。

【本章内容】

施工阶段工程造价计价与控制是为了实现企业投资的预期目标，在已经拟订好的设计、规划方案条件下，对工程造价及其变动系统的活动进行预测、确定、计算和监控。

在这个阶段要加强投资跟踪管理与事前控制。由于工程设计及招投标已经完成，其工程量已完全具体化，影响工程造价的可能性比其他阶段相对少一些，但是真正形成工程实体主要是在这一阶段，如果控制不好，就会使投资失控，造成浪费。

5.1　工程变更

5.1.1　工程变更概述

由于建设工程项目建设周期长、涉及的关系复杂、受自然条件和客观因素的影响大，导致项目的实际施工情况与招标投标时的情况相比会有一些变化，出现工程变更。工程变更包括工程量变更、工程项目变更（如发包人提出增加或删减项目内容）、进度计划变更、施工条件变更等。如果按照变更的起因划分，变更的种类有很多，例如：发包人的变更指令（包括发包人对工程有了新的要求、发包人修改项目计划、发包人削减预算、发包人对项目进度有了新的要求等）；由于设计错误，必须对设计图纸进行修改；工程环境变化；由于产生了新的技术，有必要改变原设计、实施方案或实施计划；法律法规或者政府对建设工程项目有了新的要求等。

1）发包人对原设计进行变更

施工中发包人如果需要对原工程设计进行变更，应提前 14 天以书面形式向承包人发出变更通知。承包人对发包人的变更通知没有拒绝的权利，这是合同赋予发包人的一项权利。

因为发包人是工程的出资人、所有人和管理者,对将来工程的运行承担主要责任,只有赋予发包人这样的权利才能减少更大的损失。但是,当变更超过原设计标准或批准的建设规模时,发包人应报原规划管理部门和其他有关部门重新审查批准,并由原设计单位提供变更的相应图纸和说明。承包人按照监理工程师发出的变更通知和有关要求变更。

2)承包人对原设计进行变更

施工中承包人不得为了施工方便而要求对原工程设计进行变更,承包人应当严格按照图纸施工,不得随意变更设计。施工中承包人提出的合理化建议涉及对设计图纸或者施工组织设计的更改及对原材料、设备的更换,须经监理工程师同意。监理工程师同意变更后,也须经原规划管理部门和其他有关部门审查批准,并由原设计单位提供变更的相应图纸和说明。

未经监理工程师同意,承包人擅自更改或换用,承包人应承担由此发生的费用,并赔偿发包人的有关损失,延误的工期不予顺延。监理工程师同意采用承包人的合理化建议,所发生费用和获得收益的分担或分享由发包人和承包人另行约定。

3)其他变更

从合同角度看,除设计变更外,其他能够导致合同内容变更的都属于其他变更。如双方对工程质量要求的变化(如涉及强制性标准的变化)、双方对工期要求的变化、施工条件和环境的变化导致施工机械和材料的变化等。上述变更首先应由一方提出,与对方协商一致后,方可进行变更。

5.1.2　工程变更价款的确定方法

1)已标价工程量清单项目或其工程数量发生变化的调整办法

《建设工程工程量清单计价规范》(GB 50500—2013)规定,因工程变更引起已标价工程量清单项目或其工程数量发生变化,应按照下列规定调整:

①已标价工程量清单中有适用于变更工程项目的,应采用该项目的单价。但当工程变更导致该清单项目的工程数量发生变化,且工程量偏差超过15%时,调整的原则为当工程量增加15%以上时,增加部分的工程量的综合单价应予以调低;当工程量减少15%以上时,减少后剩余部分工程量的综合单价应予以调高。

②已标价工程量清单中没有适用但有类似于变更工程项目的,可在合理范围内参照类似项目的单价。

③已标价工程量清单中没有适用也没有类似于变更工程项目的,应由承包人根据变更工程资料、计量规则和计价办法、工程造价管理机构发布的信息价格和承包人报价浮动率提出变更工程项目的单价,并应报发包人确认后调整。承包人报价浮动率可按下列公式计算:

招标工程:　承包人报价浮动率 $L=(1-$ 中标价/招标控制价$)\times100\%$

非招标工程:　承包人报价浮动率 $L=(1-$ 报价/施工图预算$)\times100\%$

④已标价工程量清单中没有适用也没有类似于变更工程项目,且工程造价管理机构发布的信息价格缺价的,应由承包人根据变更工程资料、计量规则、计价办法和通过市场调查等取得有合法依据的市场价格提出变更工程项目的单价,并应报发包人确认后调整。

2) 措施项目费的调整

工程变更引起施工方案改变并使措施项目发生变化时,承包人提出调整措施项目费的,应事先将拟实施的方案提交发包人确认,并应详细说明与原方案措施项目相比的变化情况。拟实施的方案经发承包双方确认后执行,并应按照下列规定调整措施项目费:

①安全文明施工费应按照实际发生变化的措施项目调整,不得浮动。

②采用单价计算的措施项目费,应按照实际发生变化的措施项目,按照前述已标价工程量清单项目的规定确定单价。

③按总价(或系数)计算的措施项目费,按照实际发生变化的措施项目调整,但应考虑承包人报价浮动因素,即调整金额按照实际调整金额乘以按上述公式计算得出的承包人报价浮动率计算。如果承包人未事先将拟实施方案提交发包人确认,则视为工程变更不引起措施项目费的调整或承包人放弃调整措施项目费的权利。

3) 工程变更价款调整方法的应用

①直接采用适用的项目单价的前提是其采用的材料、施工工艺和方法相同,也不因此增加关键线路上工程的施工时间。

②采用适用的项目单价的前提是其采用的材料、施工工艺和方法基本类似,不增加关键线路上工程的施工时间,可仅就其变更后的差异部分,参考类似的项目单价由承、发包双方协商新的项目单价。

③无法找到适用和类似的项目单价时,应采用招投标时的基础资料和工程造价管理机构发布的信息价格,按成本加利润的原则由发、承包双方协商新的综合单价。

④无法找到适用和类似的项目单价,工程造价管理机构也没有发布此类信息价格,则由发、承包双方协商确定。

5.2   工程索赔

5.2.1   工程索赔概述

1) 工程索赔的含义

工程索赔是指在工程施工合同履行过程中,当事人一方因非己方原因造成经济损失或工期延误,按照合同约定或法律规定,应由对方承担责任,而向对方提出工期和(或)费用补偿要求的行为。

2) 承包人工程索赔成立的基本条件

①索赔事件已造成承包人直接经济损失或工期延误;

②造成费用增加或工期延误的索赔事件是非承包人的原因发生的;

③承包人已经按照工程施工合同规定的期限和程序提交了索赔意向通知、索赔报告及相关证明材料。

3) 索赔的依据

①工程施工合同是工程索赔最关键和最主要的依据。工程施工期间,发承包双方关于

工程的洽商、变更等书面协议或文件,也是索赔的重要依据。

②国家颁布实施的相关法律、行政法规,是工程索赔的法律依据。

③工程建设强制性标准。对于不属于强制性标准的其他标准、规范和计价依据,除施工合同中有明确约定外,不能作为工程索赔的依据。

4)索赔的程序

根据合同约定,承包人认为非承包人原因发生的事件造成了承包人的损失,应按下列程序向发包人提出索赔:

①承包人应在知道或应当知道索赔事件发生后的 28 天内,向发包人提交索赔意向通知书,说明发生索赔事件的事由。承包人逾期未发出索赔意向通知书的,丧失索赔的权利。

②承包人应在发出索赔意向通知后 28 天内,向发包人正式提交索赔报告。索赔报告应详细说明索赔理由和要求,并应附必要的记录和证明材料。提出索赔申请后,承包人应抓紧准备索赔的证据资料。

③索赔事件具有连续影响的,承包人应继续提交延续索赔通知,说明连续影响的实际情况和记录。

④在索赔事件影响终了后的 28 天内,承包人应向发包人提交最终索赔报告,说明最终索赔要求,并应附必要的记录和证明材料。

根据合同约定,发包人认为由于承包人的原因造成发包人的损失,宜按承包人索赔的程序进行索赔。

5.2.2　施工索赔的计算

1)索赔费用的组成

索赔费用的组成与建筑安装工程造价的组成相似,一般包括以下几个方面。

(1)分部分项工程量清单费用

工程量清单漏项或非承包人原因的工程变更,造成增加新的工程量清单项目,其对应综合单价的确定参见"工程变更价款的确定方法"。

①人工费。人工费包括增加工作内容的人工费、停工损失费和工作效率降低的损失费等,其中增加工作内容的人工费应按照计日工费计算,而停工损失费和工作效率降低的损失费按窝工费计算,窝工费的计算标准双方应在合同中约定。

②机械费。机械费可采用机械台班费、机械折旧费、设备租赁费等几种形式。当工作内容增加引起机械费索赔时,机械费的标准按照机械台班费计算。因窝工引起的设备费索赔,当施工机械属于施工企业自有时,按照机械折旧费计算索赔费用;当施工机械是施工企业从外部租赁时,索赔费用的标准按照设备租赁费计算。

③材料费。材料费包括索赔事件引起的材料用量增加、材料价格大幅度上涨、非承包人原因造成的工期延误而引起的材料价格上涨和材料超期存储费用。

④管理费。此项可分为现场管理费和企业管理费两部分,由于二者的计算方法不一样,所以在审核过程中应区别对待。

⑤利润。对工程范围、工作内容变更等引起的索赔,承包人可按原报价单中的利润百分

率计算利润。

⑥迟延付款利息。发包人未按约定时间进行付款的,应按约定利率支付迟延付款利息。

（2）措施项目费用

因分部分项工程量清单漏项或非承包人原因的工程变更,引起措施项目发生变化,造成施工组织设计或施工方案变更,引起措施费发生变化时,已有的措施项目按原有措施费的组价方法调整;原措施费中没有的措施项目,由承包人根据措施项目变更情况,提出适当的措施费变更,经发包人确认后调整。

（3）其他项目费

其他项目费中涉及的人工费、材料费等按合同约定计算。

（4）规费与税金

除工程内容的变更或增加,承包人可以列入相应增加的规费与税金。其他情况一般不能索赔。

索赔规费与税金的款额计算通常与原报价单中的百分率保持一致。

根据《标准施工招标文件》(2007 年版)中通用合同条款的内容,可以合理补偿承包人的索赔事由见表 5.1,不可补偿承包人的索赔事由见表 5.2。

表 5.1　常见的可索赔事由

序号	索赔事由	注释
1	工期延误索赔	在履行合同过程中,由于发包人的下列原因造成工期延误的,承包人有权要求发包人延长工期和增加费用,并支付合理利润: ①增加合同工作内容; ②改变合同中任何一项工作的质量要求或其他特性; ③发包人迟延提供材料、工程设备或变更交货地点的; ④因发包人原因导致的暂停施工; ⑤提供图纸延误; ⑥未按合同约定及时支付预付款、进度款
2	工程变更索赔	由于发包人指令增加或减少工程量或增加附加工程、修改设计、变更工程顺序等,造成工期延长和(或)费用增加,承包人就此提出索赔
3	工程隐蔽部位覆盖	①工程隐蔽部位覆盖前的检查。经承包人自检确认的工程隐蔽部位具备覆盖条件后,承包人应通知监理人在约定的期限内检查。承包人的通知应附有自检记录和必要的检查资料。监理人应按时到场检查。经监理人检查确认质量符合隐蔽要求,并在检查记录上签字后,承包人才能进行覆盖。监理人检查确认质量不合格的,承包人应在监理人指示的时间内修正返工后,由监理人重新检查。 ②监理人重新检查。经监理人检查质量合格或监理人未按约定时间进行检查的,承包人覆盖工程隐蔽部位后,监理人对质量有疑问的,可要求承包人对已覆盖部位进行钻孔探测或揭开重新检验,承包人应遵照执行,并在检验后重新覆盖恢复原状。经检验证明工程质量符合合同要求的,由发包人承担由此增加的费用和(或)工期延误,并支付承包人合理利润;经检验证明工程质量不符合合同要求的,由此增加的费用和(或)工期延误由承包人承担

序号	索赔事由	注释
4	合同终止的索赔	由于发包人违约造成合同非正常终止,承包人因其遭受经济损失而提出索赔
5	不可预见的不利条件索赔	承包人在工程施工期间,在施工现场遇到一个有经验的承包人通常不能合理预见的不利施工条件或外界障碍,例如地质条件与发包人提供的资料不符,出现不可预见的地下水、地质断层、溶洞、地下障碍物等,承包人可以就因此遭受的损失提出索赔
6	文物、古迹、化石等	施工过程中发现文物、古迹、化石等,承包人应采取合理有效措施进行保护,由此增加的费用和延误的工期由发包人承担
7	停水、停电	一周内非承包人原因停水、停电、停气造成停工累计超过 8 小时,由此造成的损失应由发包人承担
8	材料、工程设备和工程质量的试验和检验	承包人应按合同约定进行材料、工程设备和工程质量的试验和检验,并对上述材料、工程设备和工程质量检查提供必要的试验资料和原始记录给监理人。监理人对承包人的试验和检验结果有疑问的,或为查清承包人试验和检验成果的可靠性,要求承包人重新试验和检验的,可按合同约定由监理人与承包人共同进行。重新试验和检验的结果证明该项材料、工程设备或工程质量不符合合同要求的,由此增加的费用和(或)工期延误由承包人承担;重新试验和检验结果证明该项材料、工程设备和工程质量符合合同要求的,由发包人承担由此增加的费用和(或)工期延误,并支付承包人合理利润

表 5.2　常见的不可索赔事由

序号	索赔不合理事由	注释
1	工程质量不合格	因承包人原因造成工程质量达不到合同约定验收标准的,监理人有权要求承包人返工直至符合合同要求为止,由此造成的费用增加和(或)工期延误由承包人承担
2	材料、设备工艺不当	承包人使用不合格材料、工程设备,或采用不适当的施工工艺,或施工不当造成工程不合格的,监理人可以随时发出指示,要求承包人立即采取措施进行补救,直至达到合同要求的质量标准,由此增加的费用和(或)工期延误由承包人承担
3	承包人私自覆盖	承包人未通知监理人到场检查,私自将工程隐蔽部位覆盖的,监理人有权指示承包人钻孔探测或揭开检查,由此增加的费用和(或)工期延误由承包人承担
4	施工机械故障、进场延误	施工机械、设备发生故障或未按照合同约定时间进场等情况,造成的损失由承包人承担

续表

序号	索赔不合理事由	注释
5	为保证施工质量而增加的措施、工程量等	合同签订之前,承包人对工程采取的技术标准和功能要求的复杂程度应有预见的义务,发包人不再另行支付
6	气象条件、交通条件等	承包人对工程所在地的气象条件(如季节性大雨)、交通条件、风俗习惯等应有合理预见义务,由此造成的费用和工期延误由承包人承担
7	承包人28天内未提出索赔意向	承包人应在知道或应当知道索赔事件发生后的28天内,向监理人递交索赔意向通知书,说明索赔事件的事由
8	承包人主动采取赶工措施	通过采取施工技术组织措施缩短工期,可按合同规定的工期奖罚办法处理,因赶工而发生的施工技术组织措施费由承包人承担

2)索赔费用的计算方法

索赔费用的计算方法主要有实际费用法、总费用法和修正总费用法。

(1)实际费用法

实际费用法是施工索赔时最常用的一种方法。该方法是按照各索赔事件所引起损失的费用项目分别计算索赔值,然后将各个项目的索赔值汇总,即可得到总索赔费用值。这种方法以承包商为某项索赔工作所支付的实际开支为依据,但仅限于由索赔事件引起的、超过原计划的费用,故也称为额外成本法。采用实际费用法时,需要注意的是不要遗漏费用项目。

(2)总费用法

总费用法即发生多起索赔事件后,重新计算该工程的实际费用,再减去原合同价,其差额即为承包人索赔的费用。计算公式为:

$$索赔金额=实际总费用-投标报价估算费用$$

这种方法对业主不利,因为实际发生的总费用中可能有承包人的施工组织不合理因素;承包人在投标报价时为竞争中标而压低报价,中标后通过索赔可以得到补偿。这种方法只有在难以采用实际费用法时才选用。

(3)修正总费用法

修正总费用法即在总费用计算的原则上,去掉一些不合理的因素,使其更合理。修正的内容包括:

①将计算索赔款的时段局限于受到外界影响的时间,而不是整个施工期;

②只计算受影响时段内的某项工作所受影响的损失,而不是计算该时段内所有施工工作所受影响的损失;

③对投标报价费用重新进行核算,按受影响时段内该项工作的实际单价进行核算,乘以完成该项工作的工程量,得出调整后的报价费用。

按修正后的总费用计算索赔金额的公式为:

$$索赔金额=某项工作调整后的实际总费用-该项工作的报价费$$

3)工期索赔的分析与计算方法

（1）工期索赔的分析流程

工期索赔的分析流程包括延误原因分析、网络计划分析、业主责任分析和索赔结果分析等。

①延误原因分析。分析引起工期延误是哪一方的原因，如果是承包人自身原因造成的，则不能索赔，反之则可索赔。

②网络计划分析。运用网络计划方法（CPM）分析延误事件是否发生在关键线路上，以决定延误是否可索赔。注意：关键线路并不是固定的，随着工程的进展，关键线路也在发生变化，而且是动态变化的。关键线路必须依据最新批准的工程施工进度计划确定。在工程索赔中，一般只限于考虑关键线路上的延误，或者一条非关键线路因延误变成关键线路。

③发包人责任分析。结合网络计划分析结果，进行发包人责任分析，主要目的是确定延误是否能索赔费用。若发生在关键线路上的延误是由发包人原因造成的，则这种延误不仅可索赔工期，还可索赔因延误而发生的额外费用。否则，只能索赔工期。若由发包人原因造成的延误发生在非关键线路上，则只可索赔费用。

④索赔结果分析。在承包人索赔已经成立的情况下，根据发包人是否对工期有特殊要求，分析工期索赔的可能结果。如果由于某种特殊原因，工程竣工日期客观上不能改变，即对索赔工期的延误，发包人也可以不给予工期延长。这时发包人的行为已实质上构成隐含指令加速施工。因此，发包人应当支付承包人采取加速施工措施而额外增加的费用，即加速费用补偿。此处费用补偿是指由发包人原因引起的延误时间因素造成承包人负担了额外的费用而得到的合理补偿。

（2）工期索赔计算方法

①网络分析法。承包人提出工期索赔，必须确定干扰事件对工期的影响值，即工期索赔值。工期索赔分析的一般思路是：假设工程一直按原网络计划确定的施工顺序和时间施工，当一个或一些干扰事件发生后，使网络中的某个或某些活动受到干扰而延长施工持续时间。将此活动受干扰后的新的持续时间代入网络中，重新进行网络分析和计算，即会得到一个新工期。新工期与原工期之差即为干扰事件对总工期的影响，也即承包人的工期索赔值。

网络分析是一种科学、合理的计算方法，它是通过分析干扰事件发生前、后网络计划的差异而计算工期索赔值的，通常可适用于各种干扰事件引起的工期索赔。但对于大型、复杂的工程，手工计算比较困难，需借助计算机来完成。

②比例类推法。在实际工程中，若干扰事件仅影响某些单项工程、单位工程或分部分项工程的工期，要分析它们对总工期的影响，可采用较简单的比例类推法。比例类推法可分为以下两种情况：

a.按工程量进行比例类推。当计算出某一分部分项工程的工期延长后，还要把局部工期转变为整体工期，这可以利用局部工程量占整个工程工程量的比例来折算。

例如，某工程在基础施工中出现不利的地质障碍，业主指令承包商进行处理，土方工程量由原来的 3 600 m³ 增至 4 500 m³，原定工期为 48 天，则承包商可提出的工期索赔为：

$$工期索赔值=原工期\times\frac{额外或新增工程量}{原工程量}=48\times\frac{4\ 500-3\ 600}{3\ 600}=12.0(天)$$

若此例中合同规定 10% 范围内的工程量增加为承包商应承担的风险,则工期索赔值为:

$$工期索赔值 = 48 \times \frac{4\ 500 - 3\ 600 \times (1 + 10\%)}{3\ 600} = 7.2(天)$$

b. 按造价进行比例类推。若施工中出现很多大小不等的工期索赔事由,较难准确地单独计算且又麻烦时,可经双方协商,按造价进行比例类推来确定工期补偿天数。

例如,某工程合同总价为 1 000 万元,总工期为 24 个月,现业主指令增加额外工程 90 万元,则承包商提出工期索赔为:

$$工期索赔值 = 原合同工期 \times \frac{附加或新增工程量价格}{原合同总价} = 24 \times \frac{90}{1\ 000} = 2.16(月)$$

比例类推法简单、方便,易于被人们理解和接受,但不尽科学、合理,有时不符合工程实际情况,且对有些情况如业主变更施工次序等不适用,甚至会得出错误的结果,在实际工作中应予以注意,并应正确掌握其适用范围。

③直接法。有时干扰事件直接发生在关键线路上或一次性发生在一个项目上,造成总工期的延误。这时可通过查看施工日志、变更指令等资料,直接将这些资料中记载的延误时间作为工期索赔值。如承包商按监理工程师的书面工程变更指令,完成变更工程所用的实际工时即为工期索赔值。

例如,某高层住宅楼工程,开工初期,由于业主提供的地下管网坐标资料不准确,后经双方协商,由承包商经过多次重新测算得出准确资料,花费时间 3 周。在此期间,整个工程几乎陷入停工状态,于是承包商直接向业主提出 3 周的工期索赔。

【例 5.1】 工程变更及索赔。

某承包人与某发包人按照《建设工程施工合同(示范文本)》(GF-2017-0201)签订了某工业建筑的地基处理与基础工程施工合同。由于工程量无法准确确定,根据施工合同专用条款的规定,按施工图预算方式计价,承包人必须严格按照施工图及施工合同规定的内容及技术要求施工。承包人的分项工程先向监理人申请质量验收,取得质量验收合格文件后,向监理人提出计量申请和支付工程款。

工程开工前,承包人提交了施工组织设计并得到批准。

问题:

(1)在工程施工过程中,当进行到施工图所规定的处理范围边缘时,承包人在取得在场监理人认可的情况下,为使夯击质量得到保证,将夯击范围适当扩大。施工完成后,承包人将扩大范围内的施工工程量向发包人提出计量付款的要求,但遭到监理人拒绝。请问监理人拒绝承包人的要求是否合理?为什么?

(2)在工程施工过程中,因图纸差错,监理人口头要求暂停施工,承包人亦口头答应。待施工图纸修改后,承包人恢复施工。事后监理人要求承包人就变更所涉及的工程费用问题提出书面报告。试问监理人和承包人的执业行为是否妥当?为什么?工程变更部分合同价款应根据什么原则确定?

(3)在开挖土方过程中,有两项重大事件使工期发生了较大拖延:一是土方开挖时遇到一些工程地质勘探没有探明的孤石,排除孤石拖延了一定的时间;二是施工过程中遇到数天季节性大雨后又转为特大暴雨引起山洪暴发,造成现场临时道路、管网以及发包人和承包人的施工现场办公用房等设施以及已施工的部分基础被冲坏,施工设备损坏,运进现场的部分材料被冲走,承包人数名施工人员受伤,雨后承包人用了很多工时进行工程清理和修复作业。为此承包人按照索赔程序提出延长工期和费用补偿要求。请问监理人应如何处理?

(4)在随后的施工中又发现比较有价值的文物,造成承包人部分施工人员和机械窝工,同时承包人为保护文物付出了一定的措施费用。请问承包人应如何处理此事?

【解】问题(1):监理人的拒绝合理。原因:该部分的工程量超出施工图要求,一般来讲,也就超出了工程合同约定的工程范围。对该部分的工程量,监理人可以认为是承包人保证施工质量的技术措施,一般在发包人没有批准追加相应费用的情况下,技术措施费用应由承包人自己承担。

问题(2):

①监理人和承包人的执业行为不妥。根据《中华人民共和国民法典》合同编和《建设工程施工合同(示范文本)》(GF-2017-0201)的有关规定,建设工程施工合同应当采取书面形式。合同变更是对合同的补充和更改,亦应当采取书面形式;在应急情况下,可采取口头形式,但事后应以书面形式予以确认。否则,在合同双方对合同变更内容有争议时,因口头形式很难举证,只能以书面协议约定的内容为准。本案例中发包人要求暂停施工,承包人亦答应,是双方的口头协议,且事后未以书面形式确认,因此该合同变更形式不妥。在双方发生争议时,只能以原书面合同规定为准。

②根据《建设工程施工合同(示范文本)》(GF-2017-0201)的规定,应按照下列原则调整:

a.已标价工程量清单或预算书中有相同项目的,按照相同项目单价认定;

b.已标价工程量清单或预算书中无相同项目,但有类似项目的,参照类似项目单价认定;

c.变更导致实际完成的变更工程量与已标价工程量清单或预算书中列明的该项目工程量的变化幅度超过15%的,或已标价工程量清单或预算书中无相同项目及类似项目单价的,按照合理的成本与利润构成原则,由合同当事人商定(或确定)变更工作的单价。

问题(3):

监理人应对两项索赔事件作出如下处理:

①对处理孤石引起的索赔,这是地质勘探报告未提供的,是承包人预先无法估计的地质条件变化(不利的物质条件),属于发包人应承担的风险,应给予承包人工期顺延和费用补偿。

②对天气条件变化引起的索赔应分两种情况处理:

a.对于前期的季节性大雨,这是一个有经验的承包商预先能够合理估计的因素,应在合同工期内考虑,由此造成的工期延长和费用损失不能给予补偿。

b.对于后期特大暴雨引起的山洪暴发,不能视为一个有经验的承包商预先能够合理估计的因素,应按不可抗力处理由此引起的索赔。根据合同约定,属于发包人提供的道路和管线被冲坏,应由发包人承担;属于承包人自行接引的道路和管线被冲坏,应由承包人承担;被冲坏的发包人施工现场办公用房以及已施工的部分基础、被冲走的部分材料(构成工程实体)、工程清理和修复作业等经济损失应由发包人承担;损坏的施工设备、受伤的施工人员以及由此造成的人员窝工和设备闲置、被冲坏的承包人施工现场办公用房、被冲走的部分材料（周转材料）等经济损失应由承包人承担；工期应予顺延。

问题（4）：发现文物后，承包人应采取合理有效的保护措施，防止任何人员移动或损坏上述物品，立即报告有关政府行政管理部门，并通知监理人。同时，就由此增加的费用和延误的工期向监理人提出索赔请求，并提供相应的计算书及其证据。

【例 5.2】工程索赔。

某工业生产项目基础土方工程施工中，承包商在合同标明有松软石的地方没有遇到松软石，因此进度提前 1 个月。但在合同中另一未标明有坚硬岩石的地方遇到更多的坚硬岩石，开挖工作变得更加困难，由此造成实际生产率比原计划低得多，经测算影响工期 3 个月。由于施工速度减慢，使得部分施工任务拖到雨季进行，按一般公认标准推算，又影响工期 2 个月。为此承包商准备提出索赔。

问题：

（1）该项施工索赔是否成立？为什么？在该索赔事件中，应提出的索赔内容包括哪两个方面？

（2）在工程施工中，通常可以提供的索赔证据有哪些？

（3）承包商应提供的索赔文件有哪些？请协助承包商拟定一份索赔通知。

（4）在后续施工中，业主要求承包商根据设计院提出的设计变更图纸施工。请问依据相关规定，承包商应就该变更做好哪些工作？

【解】 问题（1）：该项施工索赔成立。施工中在合同未标明有坚硬岩石的地方遇到更多的坚硬岩石，导致施工现场的施工条件与原来的勘察有很大差异，属于不利的物质条件，是业主的责任范围。

本事件使承包商由于不利地质条件造成施工困难，导致工期延长，相应产生额外工程费用，因此应提出工期索赔和费用索赔。

问题（2）：

可以提供的索赔证据有：

①招标文件、工程合同及附件、业主认可的施工组织设计、工程图纸、地质勘察报告、技术规范等；

②工程各项有关设计交底记录、变更图纸、变更施工指令；

③工程各项经业主或监理工程师签认的签证；

④工程各项往来文件、指令、信函、通知、答复等；

⑤工程各项会议纪要；

⑥施工计划及现场实施情况记录；

⑦施工日报及工长工作日志、备忘录；

⑧工程送电、送水，道路开通、封闭的日期及数量记录；

⑨工程停水、停电和干扰事件影响的日期及恢复施工的日期；

⑩工程预付款、进度款拨付的数额及日期记录；

⑪工程图纸、工程变更、交底记录的送达份数及日期记录；

⑫工程有关施工部位的照片及录像等；

⑬工程现场气候记录,有关天气的温度、风力、降雨雪量等;

⑭工程验收报告及各项技术鉴定报告;

⑮工程材料采购、订货、运输、进场、验收、使用等方面的凭据;

⑯工程会计核算资料;

⑰国家、省、市有关影响工程造价、工期的文件、规定等。

问题(3):承包商应提供的索赔文件有索赔通知、索赔报告、索赔证据与详细计算书等附件。索赔通知的参考形式如下:

索赔通知

致甲方代表(或监理工程师):_____

我方希望你方对工程地质条件变化问题引起重视:在合同文件未标明有坚硬岩石的地方遇到了坚硬岩石,致使我方实际生产率降低,从而引起进度拖延,并不得不在雨季施工。

上述施工条件变化,造成我方施工现场设计与原设计有很大不同,为此向你方提出工期索赔及费用索赔要求,具体工期索赔及费用索赔依据与计算书在随后的索赔报告中。

承包商:×××

××××年××月××日

问题(4):首先,应组织相关人员学习和研究设计变更图纸及其他相关资料,明确变更所涉及的范围和内容,并就变更的合理性、可行性进行研讨;如果变更图纸有不妥之处,应主动与业主沟通,建议进一步改进变更方案和修改图纸;接到修改图纸之后(或确认设计变更图纸不需要修改之后),研究制订实施方案和计划并报业主审批。

然后在合同约定时间[根据《建设工程施工合同(示范文本)》(GF-2017-0201)的规定为14 天]内,向业主提出变更工程价款和工期顺延的报告。

业主应在收到书面报告后的 14 天内予以答复,若同意该报告,则调整合同;若不同意,双方应就有关内容进一步协商,协商一致后,修改合同。若协商不一致,则按工程合同争议的处理方式解决。

【例 5.3】 不可抗力、甲方责任事件、甲方风险事件、自有机械、租赁机械、共同延误、实际工期、奖罚工期。

某施工单位(乙方)与建设单位(甲方)签订了某工程施工总承包合同,合同约定:工期600 天,工期每提前(或拖后)1 天奖励(或罚款)1 万元(含税费)。

经甲方同意乙方将电梯和设备安装工程分包给具有相应资质的专业承包单位(丙方)。分包合同约定:分包工程施工进度必须服从施工总承包进度计划的安排,施工进度奖罚约定与总承包合同的工期奖罚相同;因发生甲方的风险事件导致工人窝工和机械闲置费用,只计取规费和税金;因甲方的责任事件导致工人窝工和机械闲置,除计取规费和税金外,还应补偿现场管理费,补偿标准约定为 500 元/天。

乙方按时提交了施工总承包网络进度计划,如图 5.2 所示,并得到了批准。

施工过程中发生了以下事件:

事件 1:7 月 25 日至 26 日基础工程施工时,遇特大暴雨引起洪水突发,导致现场无法施工,基础工程专业队 30 名工人窝工。天气转好后,27 日该专业队全员进行现场清理,所用机械持续闲置 3 个台班(台班费为 800 元/台班)。28 日乙方安排基础工程专业队修复被洪水

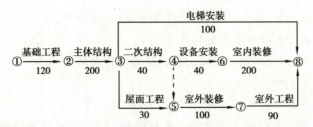

图5.2 某工程施工总承包网络进度计划(单位:天)

冲坏的部分基础 12 m³(综合单价为 480 元/m³)。

事件 2:8 月 7 日至 10 日主体结构施工时,乙方租赁的大模板未能及时进场,且在 8 月 9 日至 12 日,工程所在地区供电中断,造成 40 名工人持续窝工 6 天,所用机械持续闲置 6 个台班(台班费为 900 元/台班)。

事件 3:屋面工程施工时,乙方的劳务分包队未能及时进场,造成施工时间拖延 8 天。

事件 4:设备安装过程中,甲方采购的制冷机组因质量问题退换货,造成丙方 12 名工人窝工 3 天,租赁的施工机械闲置 3 天(租赁费为 600 元/天),设备安装工程完工时间拖延 3 天。

事件 5:因甲方对室外装修设计的效果不满意,要求设计单位修改设计,致使图纸交付拖延,使室外装修作业推迟开工 10 天,窝工 50 个工日,租赁的施工机械闲置 10 天(租赁费为 700 元/天)。

事件 6:应甲方要求,乙方在室内装修施工中采取了加快施工的技术组织措施,使室内装修施工时间缩短了 10 天,技术组织措施人材机费用为 8 万元。

其余各项工作未出现导致作业时间和费用增加的情况。

问题:

(1)从工期控制的角度看,该工程中的哪些工作是主要控制对象?

(2)乙方可否就上述每项事件向甲方提出工期和(或)费用索赔?请简要说明理由。

(3)丙方因制冷机组退换货导致工人窝工和租赁设备闲置费用损失应由谁给予补偿?

(4)工期索赔多少天?实际工期为多少天?工期奖(罚)款是多少元?

(5)假设工程所在地人工费标准为 80 元/工日,窝工人工费补偿标准为 50 元/工日,机械闲置补偿标准为正常台班费的 60%;该工程管理费按人工、材料、机械费之和的 6% 计取,利润按人工、材料、机械费和管理费之和的 4.5% 计取,规费按人工、材料、机械费和管理费、利润之和的 6% 计取,增值税税率为 9%。请问承包商应得到的费用索赔是多少?(结果保留两位小数)

【解】 问题(1):该工程进度计划的关键线路为①→②→③→④→⑥→⑧。从工期控制的角度看,位于关键线路上的基础工程、主体结构、二次结构、设备安装、室内装修为主要控制对象。

问题(2):

事件 1:可以提出工期和费用索赔。因为洪水突发属于不可抗力,是甲乙双方的共同风险,由此引起的场地清理、修复被洪水冲坏的部分基础的费用应由甲方承担,且基础工程为关键工作,延误的工期应顺延。

　　事件 2:可以提出工期和费用索赔。因为供电中断是甲方的风险,由此导致的工人窝工和机械闲置费用应由甲方承担,且主体结构工程为关键工作,延误的工期应顺延。

　　事件 3:不可以提出工期和费用索赔。因为劳务分包队未能及时进场属于乙方的风险(或责任),其费用和时间损失不应由甲方承担。

　　事件 4:可以提出工期和费用索赔。因为该设备由甲方购买,其质量问题导致费用损失应由甲方承担,且设备安装为关键工作,延误的工期应顺延。

　　事件 5:可以提出费用索赔,但不可以提出工期索赔。因为设计变更属于甲方责任,但该工作为非关键工作,延误的时间没有超过该工作的总时差。

　　事件 6:不可以提出工期和费用索赔。因为通过采取技术组织措施使工期提前,可按合同规定的工期奖罚办法处理,因赶工而发生的施工技术组织措施费应由乙方承担。

　　问题(3):丙方的费用损失应由乙方给予补偿。

　　问题(4):

　　①工期索赔:事件 1 索赔 4 天,事件 2 索赔 2 天,事件 4 索赔 3 天,共索赔 $4+2+3=9$(天)。

　　②实际工期:关键线路上工作持续时间变化的有基础工程增加 4 天,主体结构增加 6 天,设备安装增加 3 天,室内装修减少 10 天,则实际工期为 $600+4+6+3-10=603$(天)。

　　③工期提前奖励:$[(600+9)-603]×1=6$(万元)。

　　问题(5):

　　事件 1 费用索赔:$[30×80.00×(1+6\%)×(1+4.5\%)+12×480.00]×(1+6\%)×(1+9\%)$
　　　　　　　　　　$=9\ 726.71$(元)

　　事件 2 费用索赔:$(40×2×50.00+2×900×60\%)×(1+6\%)×(1+9\%)=5\ 869.43$(元)

　　事件 4 费用索赔:$(12×3×50.00+3×600+3×500)×(1+6\%)×(1+9\%)=5\ 892.54$(元)

　　事件 5 费用索赔:$(50×50.00+10×700+10×500)×(1+6\%)×(1+9\%)=16\ 753.30$(元)

　　费用索赔合计:$9\ 726.71+5\ 869.43+5\ 892.54+16\ 753.30=38\ 241.98$(元)

5.3　工程结算

5.3.1　工程结算的概念和内容

　　工程结算是指施工企业按照建设工程施工合同和已完成工程量向建设单位(业主)办理工程价款清算的经济活动。工程建设周期长,耗用资金数额大,为使施工企业在施工中耗用的资金及时得到补偿,需要对工程价款进行中间结算(进度款结算)、年终结算,全部工程竣工验收后应进行竣工结算。工程结算是工程项目承包中一项十分重要的工作。工程款结算以施工企业提出的统计进度月报表,并报监理工程师确认,经业主主管部门认可,作为工程进度款支付的依据。

5.3.2 工程结算依据及结算方式

1)工程结算依据

①国家有关法律、法规、规章制度和相关司法解释;

②国务院建设行政主管部门以及各省、自治区、直辖市和有关部门发布的工程造价计价标准、计价办法、有关规定及相关解释;

③建设工程施工合同、专业分包合同及补充协议,有关材料、设备采购合同;

④招投标文件,包括招标答疑文件、投标承诺等;

⑤工程竣工图或施工图、施工图会审记录,经批准的施工组织设计,以及设计变更、工程洽商和相关会议纪要;

⑥经批准的开、竣工报告或停、复工报告;

⑦建设工程工程量清单计价规范或工程预算定额、费用定额及价格信息、调价规定等;

⑧工程预算书;

⑨影响工程造价的相关资料;

⑩安装工程定额基价;

⑪结算编制委托合同等。

2)工程结算方式

我国常采用的工程结算方式主要有以下几种:

(1)按月结算

实行旬末或月中预支,月终结算,竣工后清算的结算方法。跨年度竣工的工程,在年终进行工程盘点,办理年度结算。

(2)竣工后一次结算

建设项目或单项工程全部建筑安装工程建设期在一年以内,或者工程承包合同价值在100万元以下的,可以实行工程价款每月预支或分阶段预支,竣工后一次结算工程价款的方式。

(3)分段结算

分段结算是指当年开工,当年不能竣工的单项工程或单位工程,按施工形象进度将其划分为不同施工阶段,按阶段进行工程价款结算。

(4)目标结算

目标结算是指在建设工程施工合同中,将承包工程的内容分解成不同的控制界面,以业主验收控制界面作为工程款支付的前提条件。也就是说,将合同中的工程内容分解成不同的验收单元,当施工单位完成单元工程内容并经业主验收后,业主支付构成单元工程内容的工程价款。

在目标结算方式下,施工单位要想获得工程价款,必须按照合同约定的质量标准完成界面内的工程内容;要想尽早获得工程价款,施工单位必须充分发挥自己的组织实施能力,在保证质量的前提下加快施工进度。

5.3.3　工程价款结算的计算规则

在进行工程结算时,要根据现行的工程量计算规则、现行的计价程序、合同约定及确认的工程变更和索赔进行结算。在采用工程量清单计算工程价款结算价的方式下,工程竣工结算的计算原则如下:

①分部分项工程和措施项目中的单价项目应依据双方确认的工程量与已标价工程量清单的综合单价计算。如发生调整的,以发、承包双方确认调整的综合单价计算。

②措施项目中的总价项目应依据合同约定的项目和金额计算。如发生调整的,以发、承包双方确认调整的金额计算,其中安全文明施工费必须按照国家或省级、行业建设主管部门的规定计算。

③其他项目应按下列规定计算:

a.计日工应按发包人实际签证确认的事项计算;

b.暂估价应由发、承包双方按照《建设工程工程量清单计价规范》(GB 50500—2013)的相关规定计算;

c.总承包服务费应依据合同约定金额计算,如发生调整的,以发、承包双方确认调整的金额计算;

d.施工索赔费用应依据发、承包双方确认的索赔事项和金额计算;

e.现场签证费用应依据发、承包双方签证资料确认的金额计算;

f.暂列金额应减去工程价款调整(包括索赔、现场签证)金额计算,如有余额应归发包方。

④规费和税金应按照国家或省级、行业建设主管部门的规定计算。规费中的工程排污费应按工程所在地环境保护部门规定标准缴纳后按实列入。

此外,发、承包双方在合同工程实施过程中已经确认的工程量结果和合同价款,在竣工结算办理中应直接进入决算。

5.3.4　工程预付款

1)工程预付款的支付

工程预付款是发包人为帮助承包人解决施工准备阶段的资金周转问题而提前支付的一笔款项,用于承包人为合同工程施工购置材料、机械设备,修建临时设施以及施工队伍进场等。工程是否实行预付款,取决于工程性质、承包工程量的大小及发包人在招标文件中的规定。工程实行预付款的,发包人应按合同约定的时间和比例(或金额)向承包人支付工程预付款。当合同对工程预付款的支付没有约定时,按照财政部、建设部印发的《建设工程价款结算暂行办法》(财建〔2004〕369 号)的规定办理。

(1)工程预付款的额度

包工包料工程的预付款按合同约定拨付,原则上预付比例不低于合同金额(扣除暂列金额)的 10%,不高于合同金额(扣除暂列金额)的 30%。对重大工程项目,按年度工程计划逐年预付。实行工程量清单计价的工程,实体性消耗和非实体性消耗部分应在合同中分别约定预付款比例(或金额)。

（2）工程预付款的支付时间

在具备施工条件的前提下，发包人应在双方签订合同后的一个月内或不迟于约定开工日期前的7天内预付工程款。若发包人未按合同约定预付工程款，承包人应在预付时间到期后10天内向发包人发出要求预付的通知，发包人收到通知后仍不按要求预付的，承包人可在发出通知14天后停止施工，发包人应从约定应付之日起按同期银行贷款利率向承包人支付应付预付款的利息，并承担违约责任。

另外，凡是没有签订合同或不具备施工条件的工程，发包人不得预付工程款，不得以预付款为名转移资金。

2）工程预付款的扣回

发包人拨付给承包人的工程预付款属于预支性质。随着工程进度的推进，拨付的工程进度款数额不断增加，工程所需主要材料、构件的储备逐步减少，原已支付的预付款应以抵扣的方式从工程进度款中陆续扣回。预付的工程款必须在合同中约定扣回方式，常用的扣回方式有以下几种：

①在承包人完成金额累计达到合同总价一定比例（双方合同约定）后，采用等比例或等额扣款的方式分期扣回。也可针对工程实际情况具体处理，如有些工程工期较短，造价较低，就无须分期扣回；有些工程工期较长，如跨年度工程，其预付款的占用时间较长，根据需要可以少扣或不扣。

②从未完施工工程尚需的主要材料及构件的价值相当于工程预付款数额时起扣，从每次中间结算工程价款中按材料及构件比重抵扣工程预付款，至竣工之前全部扣回。其基本计算公式如下：

a.起扣点的计算公式为：

$$T = P - \frac{M}{N}$$

式中　T——起扣点，即工程预付款开始扣回的累计已完工程价值；

　　　P——承包工程合同总额；

　　　M——工程预付款数额；

　　　N——主要材料及构件所占比重。

b.第一次扣回工程预付款数额的计算公式为：

$$a_1 = \left(\sum_{i=1}^{n} T_i \right) N$$

式中　a_1——第一次扣回工程预付款数额；

　　　$\sum_{i=1}^{n} T_i$——累计已完工程价值。

c.第二次及以后各次扣回工程预付款数额的计算公式为：

$$a_i = T_i N$$

式中　a_i——第i次扣回工程预付款数额（$i>1$）；

　　　T_i——第i次扣回工程预付款时当期结算的已完工程价值。

5.3.5　期中支付

1)期中支付价款的计算

(1)已完工程的结算价款

已标价工程量清单中的单价项目,承包人应按工程计量确认的工程量与综合单价计算。如综合单价发生调整的,以发、承包双方确认调整的综合单价计算进度款。

已标价工程量清单中的总价项目,承包人应按合同中约定的进度款支付分解,分别列入进度款支付申请中的安全文明施工费和本周期应支付的总价项目的金额中。

(2)结算价款的调整

承包人现场签证和得到发包人确认的索赔金额列入本周期应增加的金额中。由发包人提供的材料、工程设备金额,应按照发包人签约提供的单价和数量从进度款支付中扣除,列入本周期应扣减的金额中。

2)进度款支付

发、承包双方应按照合同约定的时间、程序和方法,根据工程计量结果,办理期中价款结算,支付进度款。进度款支付周期应与合同约定的工程计量周期一致。其中,工程量的正确计量是发包人向承包人支付进度款的前提和依据。按照财政部、建设部印发的《建设工程价款结算暂行办法》(财建〔2004〕369 号)的规定,计量和付款周期可采用分段或按月结算的方式。

(1)按月结算与支付

即实行按月支付进度款,竣工后结算的办法。合同工期在两个年度以上的工程,在年终进行工程盘点,办理年度结算。

(2)分段结算与支付

即当年开工、当年不能竣工的工程按照工程形象进度,划分不同阶段,支付工程进度款。

当采用分段结算方式时,应在合同中约定具体的工程分段划分方法,付款周期应与计量周期一致。

《财政部 住房城乡建设部关于完善建设工程价款结算有关办法的通知》(财建〔2022〕183 号)规定,政府机关、事业单位、国有企业建设工程进度款支付应不低于已完成工程价款的 80%;同时,在确保不超出工程总概(预)算以及工程决(结)算工作顺利开展的前提下,除按合同约定保留不超过工程价款总额 3% 的质量保证金外,进度款支付比例可由发承包双方根据项目实际情况自行确定。在结算过程中,若发生进度款支付超出实际已完成工程价款的情况,承包单位应按规定在结算后 30 日内发包单位返还多收到的工程进度款。

3)承包人进度款支付申请的内容

承包人应在每个计量周期到期后的 7 天内向发包人提交已完工程进度款支付申请一式4 份,详细说明此周期内认为有权得到的款额,包括分包人已完工程的价款。支付申请应包括下列内容:

①累计已完成的合同价款。

②累计已实际支付的合同价款。

③本周期合计完成的合同价款。

a.本周期已完成单价项目的金额；

b.本周期应支付的总价项目的金额；

c.本周期已完成的计日工价款；

d.本周期应支付的安全文明施工费；

e.本周期应增加的金额。

④本周期合计应扣减的金额。

a.本周期应扣回的预付款；

b.本周期应扣减的金额。

⑤本周期实际应支付的合同价款。

4)发包人支付进度款

发包人应在收到承包人进度款支付申请后的 14 天内,根据计量结果和合同约定对申请内容予以核实,确认后向承包人出具进度款支付证书。若发、承包双方对某些清单项目的计量结果出现争议,发包人应对无争议部分的工程计量结果向承包人出具进度款支付证书。发包人应在签发进度款支付证书后的 14 天内,按照进度款支付证书列明的金额向承包人支付进度款。若发包人逾期未签发进度款支付证书,则视为承包人提交的进度款支付申请已被发包人认可,承包人可向发包人发出催告付款的通知。发包人应在收到通知后的 14 天内,按照承包人进度款支付申请的金额向承包人支付进度款。发包人未按规定支付进度款的,承包人可催告发包人支付,并有权获得延迟支付的利息;发包人在付款期满后的 7 天内仍未支付的,承包人可在付款期满后的第 8 天起暂停施工。发包人应承担由此增加的费用和延误的工期,向承包人支付合理利润,并应承担违约责任。若发现已签发的任何支付证书有错、漏或重复的数额,发包人有权予以修正,承包人也有权提出修正申请。经发、承包双方复核同意修正的,应在本次到期的进度款中支付或扣除。

5.3.6 工程价款的动态结算

工程价款的动态结算就是把各种动态因素渗透到结算过程中,使结算大体能反映实际的消耗费用。

1)按实际价格结算法

采用按实际价格结算法时,承包商可凭发票按实报销。这种方法方便,但由于是实报实销,所以承包商对降低成本不感兴趣,为了避免副作用,造价管理部门要定期公布最高结算限价,同时合同文件中应规定建设单位或监理工程师有权要求承包商选择更廉价的供应渠道。

2)按主材计算价差法

按主材计算价差是指发包人在招标文件中列出需要调整价差的主要材料表及其基期价

格(一般采用当时当地工程造价管理机构公布的信息价或结算价),工程竣工结算时,按竣工时当地工程造价管理机构公布的材料信息价或结算价,与招标文件中列出的基期价比较计算材料差价。

3)主料按抽料计算价差法

主要材料按施工图预算计算的用量和竣工当月当地工程造价管理机构公布的材料结算价或信息价与基价对比计算差价。其他材料按当地工程造价管理机构公布的竣工调价系数及调价计算方法计算差价。

4)竣工调价系数法

按工程造价管理机构公布的竣工调价系数及调价计算方法计算差价。

5)调值公式法

调值公式法(又称动态结算公式法)是利用调值公式来调整价差。根据国际惯例,对建设工程已完成投资费用的结算,一般采用此法。事实上,绝大多数情况是发包方和承包方在签订合同时就明确规定了调值公式。

(1)利用调值公式进行价格调整的工作程序

价格调整的计算工作比较复杂,其程序是:

①首先确定计算物价指数的品种,一般来说品种不宜太多,只确立那些对项目投资影响较大的因素,如设备、水泥、钢材、木材和工资等,这样便于计算。

②其次要明确以下两个问题:一是合同价格条款中,应写明经双方商定的调整因素,在签订合同时要写明考核几种物价波动到何种程度才进行调整;二是考核的地点和时点,地点一般在工程所在地或指定的某地,时点指的是某月某日的市场价格。这里要确定两个时点价格,即基准日期的市场价格(基础价格)和与特定付款证书有关的期间最后一天的 49 天前的时点价格。这两个时点是计算调值的依据。

③最后确定各成本要素的系数和固定系数。各成本要素的系数要根据各成本要素对总造价的影响程度而定。各成本要素系数之和加上固定系数应该等于1。

在实行国际招标的大型工程中,监理工程师应负责按下述步骤编制价格调值公式:

①分析施工中必需的投入,并决定选用一个公式,还是选用几个公式;

②估计各项投入占工程总成本的相对比重,以及国内投入和国外投入的分配,并决定对国内成本与国外成本是否分别采用单独的公式;

③选择能代表主要投入的物价指数;

④确定合同价中固定部分和不同投入因素的物价指数的变化范围;

⑤规定公式的应用范围和用法;

⑥如有必要,规定外汇汇率的调整方法。

(2)建筑安装工程费用的价格调值公式

建筑安装工程费用价格调值公式与货物及设备的调值公式基本相同。它包括固定部分、材料部分和人工部分三项。但因建筑安装工程的规模和复杂性增大,所以公式也变得更

长、更复杂。典型的材料成本要素有钢筋、水泥、木材、钢构件、沥青制品等,同样,人工可包括普通工和技术工。调值公式一般为:

$$P = P_0 \left(a_0 + a_1 \frac{A}{A_0} + a_2 \frac{B}{B_0} + a_3 \frac{C}{C_0} + a_4 \frac{D}{D_0} \right)$$

式中　P——调值后合同价款或工程实际结算款;

$\quad\quad P_0$——合同价款中工程预算进度款;

$\quad\quad a_0$——固定要素,代表合同支付中不能调整的部分;

$\quad\quad a_1, a_2, a_3, a_4$——代表有关成本要素(如人工费用、钢材费用、水泥费用、运输费用等)在合同总价中所占的比重,$a_0 + a_1 + a_2 + a_3 + a_4 = 1$;

$\quad\quad A_0, B_0, C_0, D_0$——基准日期与 a_1, a_2, a_3, a_4 对应的各项费用的基期价格指数或价格;

$\quad\quad A, B, C, D$——与特定付款证书有关的期间最后一天的 49 天前与 a_1, a_2, a_3, a_4 对应的各成本要素的现行价格指数或价格。

各部分成本的比重系数在许多招标文件中要求承包人在投标时提出,并在价格分析中予以论证。但也有的是发包人在招标文件中规定一个允许范围,由投标人在此范围内选定。因此,招标人在编制招标文件时,应尽可能确定合同价中固定部分和不同投入因素的比重系数及范围,给投标人留下选择的余地。

5.3.7　质量保证金的处理

1)缺陷责任期与保修期的区别

（1）缺陷责任期

缺陷责任期是指承包人对已交付使用的合同工程承担合同约定的缺陷修复责任的期限,其实质上是指预留质量保证金的一个期限,具体可由发承包双方在合同中约定。

（2）保修期

保修期是发承包双方在工程质量保修书中约定的期限。保修期自实际竣工日期起计算。保修期限规定如下:

①地基基础工程和主体结构工程,为设计文件规定的该工程的合理使用年限;

②屋面防水工程、有防水要求的卫生间、房间和外墙面的防渗漏为 5 年;

③供热与供冷系统为 2 个采暖期和供热期;

④电气管线、给排水管道、设备安装和装修工程为 2 年。

2)质量保证金

建设工程质量保证金是指发包人与承包人在建设工程承包合同中约定,从应付的工程款中预留,用以保证承包人在缺陷责任期(即质量保修期)内对建设工程出现的缺陷进行维修的资金。缺陷是指建设工程质量不符合工程建设强制标准、设计文件,以及承包合同的约定。

（1）质量保证金的预留

发包人应按照合同约定的质量保证金比例从结算款中扣留质量保证金。全部或者部分使用政府投资的建设项目,按不超过工程价款结算总额 3% 的比例预留保证金。社会投资项目采用预留保证金方式的,预留保证金的比例可以参照执行。发包人与承包人应该在合同中约定保证金的预留方式及预留比例,建设工程竣工结算后,发包人应按照合同约定及时向承包人支付工程结算价款并预留保证金。

(2)质量保证金的管理

缺陷责任期内,实行国库集中支付的政府投资项目,保证金的管理应按国库集中支付的有关规定执行。其他政府投资项目,保证金可以预留在财政部门或发包方。缺陷责任期内,如发包人被撤销,保证金随交付使用资产一并移交使用单位,由使用单位代行发包人职责。社会投资项目采用预留保证金方式的,发承包双方可以约定将保证金交由金融机构托管;采用工程质量保证担保、工程质量保险等其他方式的,发包人不得再预留保证金,并按照有关规定执行。

(3)质量保证金的使用

承包人未按照合同约定履行属于自身责任的工程缺陷修复义务的,发包人有权从质量保证金中扣留用于缺陷修复的各项支出。若经查验,工程缺陷属于发包人原因造成的,应由发包人承担查验和缺陷修复的费用。

(4)质量保证金的返还

在合同约定的缺陷责任期终止后的 14 天内,发包人应将剩余的质量保证金返还给承包人。剩余质量保证金的返还,并不能免除承包人按照合同约定应承担的质量保修责任和应履行的质量保修义务。

5.4　施工阶段投资偏差和费用偏差

为准确地表达和计算投资偏差与进度偏差,将项目投资按工程进度的完成情况分为三类,即拟完工程计划投资、已完工程计划投资,已完工程实际投资,见表 5.3。

表 5.3　项目投资分类

投资	含义	计算
拟完工程计划投资	根据进度计划安排在某一确定时间内应完成的工程内容的计划投资	拟完工程量×计划单价
已完工程计划投资	根据实际进度完成状况在某一确定时间内已经完成的工程内容的计划投资	实际工程量×计划单价
已完工程实际投资	根据实际进度完成状况在某一确定时间内已经完成的工程内容的实际投资	实际工程量×实际单价

在此基础上可以计算投资偏差与进度偏差,具体含义与计算公式见表 5.4。

表5.4 投资偏差与进度偏差

偏差	含义与计算公式	说明
投资偏差	已完工程计划投资-已完工程实际投资 实际工程量×(计划单价-实际单价)	正:投资减少 负:投资增加
进度偏差	已完工程计划投资-拟完工程计划投资 (实际工程量-拟完工程量)×计划单价	正:工期提前 负:工期拖延

【例5.4】投资偏差分析"横道图法"。

某房屋建筑工程项目计划进度和实际进度如图5.3所示,实线表示拟完工程计划投资(进度线上方的数字表示每周计划投资),虚线表示已完工程实际投资(进度线上方的数字表示每周实际投资)。

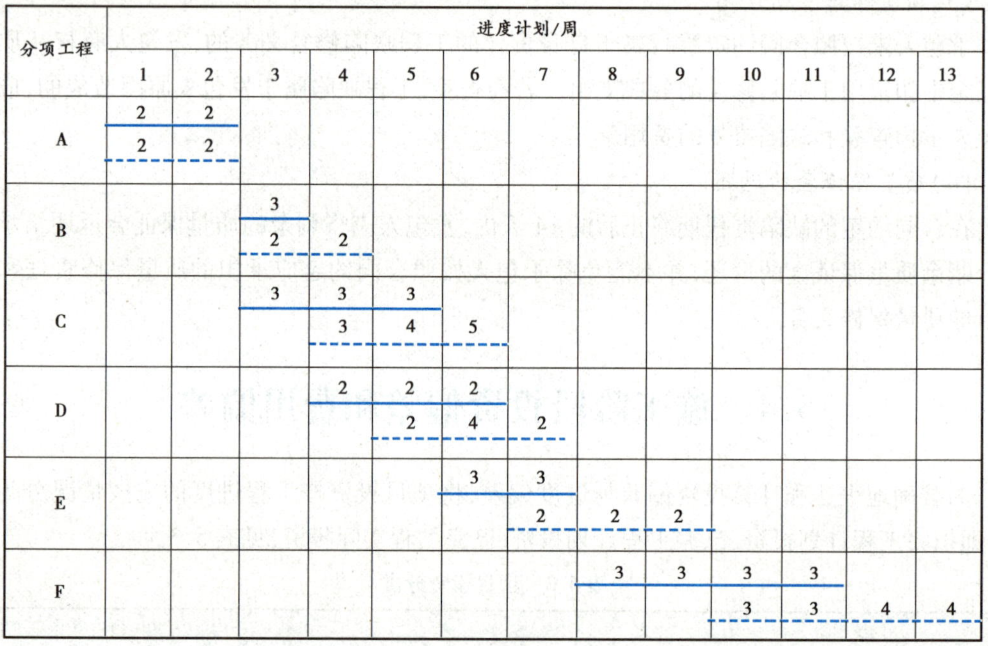

分项工程	进度计划/周												
	1	2	3	4	5	6	7	8	9	10	11	12	13
A	2 2												
B			3 / 2	2									
C			3	3 / 3	3 / 4	5							
D				2	2 / 2	2 / 4	2						
E						3 / 2	3 / 2	2					
F								3	3	3 / 3	3 / 3	4	4

图5.3 某房屋建筑工程计划进度和实际进度(资金单位:万元)

问题:

(1)请用点画线和数字表示出已完工程计划投资。

(2)计算每周投资数据,并完成投资数据表。

(3)分析第6周和第10周的投资偏差和进度偏差。

【解】 问题(1):已完工程计划投资如图5.4中点画线及其上方的数字所示。

问题(2):该房屋建筑工程每周投资数据计算结果见表5.5。

分项工程	进度计划/周												
	1	2	3	4	5	6	7	8	9	10	11	12	13
A	2	2											
	2	2											
	2	2											
B			3										
			2	2									
			1.5	1.5									
C			3	3	3								
				3	4	5							
				3	3	3							
D				2	2	2							
					2	4	2						
					2	2	2						
E						3	3						
							2	2	2				
							2	2	2				
F								3	3	3	3		
										3	3	4	4
										3	3	3	3

图 5.4   某房屋建筑工程实际进度计划投资(资金单位:万元)

表 5.5   某房屋建筑工程投资数据表   资金单位:万元

项目	投资进度/周												
	1	2	3	4	5	6	7	8	9	10	11	12	13
每周拟完工程计划投资	2	2	6	5	5	5	3	3	3	3	3	0	0
拟完工程计划投资累计	2	4	10	15	20	25	28	31	34	37	40	40	40
每周已完工程实际投资	2	2	2	5	6	9	4	2	2	3	3	4	4
已完工程实际投资累计	2	4	6	11	17	26	30	32	34	37	40	44	48
每周已完工程计划投资	2	2	1.5	4.5	5	5	4	2	2	3	3	3	3
已完工程计划投资累计	2	4	5.5	10	15	20	24	26	28	31	34	37	40

问题(3):

第 6 周投资偏差=已完工程计划投资-已完工程实际投资

$\qquad$ =20-26=-6(万元)   投资增加

第 6 周进度偏差=已完工程计划投资-拟完工程计划投资

$\qquad$ =20-25=-5(万元)   进度拖后

第 10 周投资偏差=已完工程计划投资-已完工程实际投资

$\qquad$ =31-37=-6(万元)   投资增加

第 10 周进度偏差=已完工程计划投资-拟完工程计划投资

$\qquad$ =31-37=-6(万元)   进度拖后

【例5.5】投资偏差分析"网络图法"。

某桥梁工程项目施工合同于2022年12月签订,约定的合同工期为8个月,2023年1月正式开始施工,施工单位按合同工期要求编制了混凝土结构工程施工进度时标网络计划(图5.5),并经专业监理工程师审核批准。

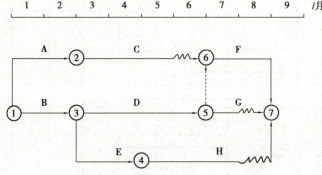

图5.5　施工进度计划时标网络图

该项目的各项工作均按最早开始时间安排,且各工作每月完成的工程量相等。各工作的计划工程量和实际工程量见表5.6。工作D,E,F的实际工作持续时间与计划工作持续时间相同。

表5.6　每项工作计划工程量和实际工程量表　　　　单位:m³

工作	A	B	C	D	E	F	G	H
计划	860	900	540	1 000	520	620	100	360
实际	880	900	540	920	500	580	100	500

合同约定,混凝土结构工程综合单价为1 000元/m²,按月结算,结算价无调整。

施工期间,由于建设单位提供图纸不及时使H工作的工作效率降低,可能会延迟1个月,并且H工作工程量的增加使该工作的工作持续时间延长了1个月。

问题:

(1)请根据H工作的实际情况画出最新的时标网络图。

(2)计算每月投资数据,并完成投资数据表。

【解】问题(1):实际完成时标网络图如图5.6所示;已完计划投资时标网络图如图5.7所示;拟完计划投资时标网络图如图5.8所示;已完实际投资时标网络图如图5.9所示。

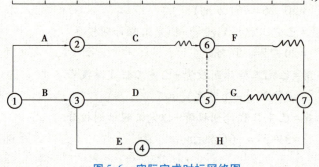

图5.6　实际完成时标网络图

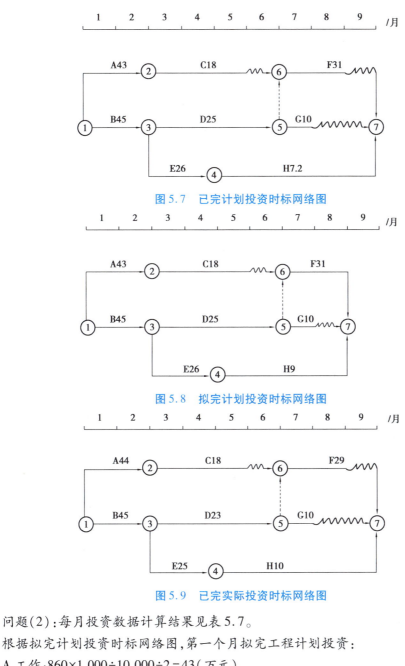

图 5.7 已完计划投资时标网络图

图 5.8 拟完计划投资时标网络图

图 5.9 已完实际投资时标网络图

问题(2):每月投资数据计算结果见表 5.7。

根据拟完计划投资时标网络图,第一个月拟完工程计划投资:

A 工作:860×1 000÷10 000÷2=43(万元)

B 工作:900×1 000÷10 000÷2=45(万元)

43+45=88(万元)

第二个月拟完工程计划投资:

A 工作:860×1 000÷10 000÷2=43(万元)

B 工作:900×1 000÷10 000÷2=45(万元)

43+45=88(万元)

第三个月拟完工程计划投资:

C 工作:540×1 000÷10 000÷3=18(万元)

D 工作:1 000×1 000÷10 000÷4=25(万元)

E 工作:520×1 000÷10 000÷2=26(万元)

18+25+26=69(万元)

后面月份以此类推。

根据已完实际投资时标网络图,第一个月已完工程实际投资:

A 工作:880×1 000÷10 000÷2=44(万元)

B 工作:900×1 000÷10 000÷2=45(万元)

44+45=89(万元)

第二个月已完工程实际投资:

A 工作:880×1 000÷10 000÷2=44(万元)

B 工作:900×1 000÷10 000÷2=45(万元)

44+45=89(万元)

第三个月已完工程实际投资:

C 工作:540×1 000÷10 000÷3=18(万元)

D 工作:920×1 000÷10 000÷4=23(万元)

E 工作:500×1 000÷10 000÷2=25(万元)

18+23+25=66(万元)

后面月份以此类推。

根据已完计划投资时标网络图,第一个月已完工程计划投资:

A 工作:860×1 000÷10 000÷2=43(万元)

B 工作:900×1 000÷10 000÷2=45(万元)

43+45=88(万元)

第二个月已完工程计划投资:

A 工作:860×1 000÷10 000÷2=43(万元)

B 工作:900×1 000÷10 000÷2=45(万元)

43+45=88(万元)

第三个月已完工程计划投资:

C 工作:540×1 000÷10 000÷3=18(万元)

D 工作:1 000×1 000÷10 000÷4=25(万元)

E 工作:520×1 000÷10 000÷2=26(万元)

18+25+26=69(万元)

后面月份以此类推。

表 5.7 混凝土结构工程投资数据表　　　　　　资金单位:万元

项目	投资进度/月								
	1	2	3	4	5	6	7	8	9
拟完工程计划投资	88	88	69	69	55	37	53	43	0

续表

项目	投资进度/月								
	1	2	3	4	5	6	7	8	9
拟完工程计划投资累计	88	176	245	314	369	406	459	502	502
已完工程实际投资	89	89	66	66	51	33	49	39	10
已完工程实际投资累计	89	178	244	310	361	394	443	482	492
已完工程计划投资	88	88	69	69	50.2	32.2	48.2	38.2	7.1
已完工程计划投资累计	88	176	245	314	364.2	396.4	444.6	482.8	490

5.5　竣工决算

5.5.1　竣工决算的概念和内容

1)竣工决算的概念

竣工决算是指所有项目竣工后,项目单位按照国家有关规定在项目竣工验收阶段编制的竣工决算报告。竣工决算是以实物数量和货币指标为计量单位,综合反映竣工项目从筹建开始到项目竣工交付使用为止的全部建设费用、建设成果和财务情况的总结性文件,是竣工验收报告的重要组成部分。

2)竣工决算的内容

建设项目竣工决算应包括从筹建到竣工投产全过程的全部实际费用。

按照有关文件规定,竣工决算由竣工财务决算说明书、竣工财务决算报表、竣工工程平面示意图、工程竣工造价对比分析四部分组成。其中,竣工财务决算说明书和竣工财务决算报表两部分又称建设项目竣工财务决算,是竣工决算的核心内容。

批准的概算是考核建设工程造价的依据。在分析时,可先对比整个项目的总概算,然后将建筑安装工程费、设备及工器具购置费和其他工程费逐一与竣工财务决算报表中提供的实际数据和相关资料及批准的概算、预算指标,实际的工程造价进行对比分析,以确定竣工项目总造价是节约还是超支,并在对比的基础上总结先进经验,找出节约和超支的内容和原因,提出改进措施。在实际工作中,应主要分析以下内容:

①主要实物工程量。对于实物工程量出入比较大的情况,必须查明原因。

②主要材料消耗量。根据竣工财务决算报表中所列明的三大材料实际超概算的消耗量,查明是在工程的哪个环节超出量最大,再进一步查明超耗的原因。

③建设单位管理费、措施费和间接费的取费标准。建设单位管理费、措施费和间接费的取费标准要按照国家和各地的有关规定,根据竣工财务决算报表中所列的建设单位管理费与概预算所列的建设单位管理费数额进行比较。依据规定查明多列或少列的费用项目,确定其节约超支的数额,并查明原因。

5.5.2 新增资产价值的确定

1)新增资产价值的分类

建设项目竣工投入运营后,所花费的总投资形成相应的资产,按照新的财务制度和企业会计准则,新增资产按资产性质可分为固定资产、流动资产、无形资产和其他资产等四大类。

2)新增资产价值的确定方法

(1)新增固定资产价值的确定

新增固定资产价值是建设项目竣工投产后所增加的固定资产价值,它是以价值形态表示的固定资产投资最终成果的综合性指标。

新增固定资产价值的计算是以独立发挥生产能力的单项工程为对象的。单项工程建成并经有关部门验收鉴定合格,正式移交生产或使用,即应计算新增固定资产价值。

一次交付生产或使用的工程应一次计算新增固定资产价值;分期分批交付生产或使用的工程,应分期分批计算新增固定资产价值。

新增固定资产价值的内容包括已投入生产或交付使用的建筑、安装工程造价,达到固定资产标准的设备、工器具的购置费用,增加固定资产价值的其他费用。

新增固定资产价值在计算时应注意以下几种情况:

①对于为了提高产品质量、改善劳动条件、节约材料消耗、保护环境而建设的附属辅助工程,只要全部建成,正式验收交付使用后就要计入新增固定资产价值。

②对于单项工程中不构成生产系统,但能独立发挥效益的非生产性项目,如住宅、食堂、医务所、托儿所、生活服务网点等,在建成并交付使用后,也要计算新增固定资产价值。

③凡购置达到固定资产标准,不需要安装的设备、工器具,应在交付使用后计入新增固定资产价值。

④属于新增固定资产价值的其他投资,应随同受益工程交付使用的同时一并计入。

⑤交付使用财产的成本,应按下列内容计算:

a.房屋、建筑物、管道、线路等固定资产的成本包括建筑工程成本和应分摊的待摊投资。

b.动力设备和生产设备等固定资产的成本包括需要安装设备的采购成本和安装工程成本、设备基础等建筑工程成本或砌筑锅炉及各种特殊炉的建筑工程成本、应分摊的待摊投资。

c.运输设备及其他不需要安装的设备、工具、器具、家具等固定资产一般仅计算采购成本,不计分摊的待摊投资。

⑥共同费用的分摊方法。新增固定资产的其他费用,如果属于整个建设项目或两个以上单项工程的,在计算新增固定资产价值时,应在各单项工程中按比例分摊。一般情况下,建设单位管理费按建筑工程、安装工程、需安装设备价值总额按比例分摊;土地征用费、勘察设计费等费用则按建筑工程造价比例分摊;生产工艺流程系统设计费按安装工程造价比例分摊。

(2)新增流动资产价值的确定

流动资产是指可以在一年内或者超过一年的一个营业周期内变现或者运用的资产,包括现金、各种银行存款及其他货币资金、短期投资、存货、应收及预付款项及其他流动资产等。

（3）新增无形资产价值的确定

在我国，作为评估对象的无形资产通常包括专利权、非专利技术、生产许可证、特许经营权、租赁权、土地使用权、矿产资源勘探权和采矿权、商标权、版权、计算机软件以及商誉等。

【例 5.6】**工程价款结算。**

某工程采用工程量清单计价方式，合同总造价为 2 000 万元，施工工期从 2022 年 1 月 1 日开始，工期 7 个月，工程价款结算具体约定如下：

（1）工程预付款为工程总造价的 20%。工程预付款从施工工程尚需的主要材料及构配件价值相当于工程预付款数额时起扣，竣工前扣完。主材及构配件占总造价的 62.5%。

（2）业主从第一个月起，每月从工程款中按 3% 扣留质量保证金。

（3）每月实际完成产值若低于计划产值 90%（含 90%），业主可扣留 3% 的工程款，竣工时给付。

每月计划产值与实际产值见表 5.8。

表 5.8　每月计划产值与实际产值　　　　　资金单位：万元

月份	1	2	3	4	5	6	7
计划产值	200	200	300	400	400	400	100
实际产值	195	200	305	360	410	415	115

问题：

（1）计算工程预付款及开始起扣工程预付款的月份。

（2）计算每月实际结算的工程款。

【解】问题（1）：

工程预付款为：

2 000×20% = 400（万元）

$$T = P - \frac{M}{N} = 2\,000 - \frac{400}{62.5\%} = 1\,360（万元）$$

4 月累计产值为：

195+200+305+360 = 1 060（万元）

5 月累计产值为：

195+200+305+360+410 = 1 470（万元）

故工程预付款从 5 月起扣。

问题（2）：

1 月实际结算的工程款：195×（1-3%）= 185.15（万元）

2 月实际结算的工程款：200×（1-3%）= 194（万元）

3 月实际结算的工程款：305×（1-3%）= 295.85（万元）

4 月扣留的质量保证金：360×3% = 10.8（万元）

由于 4 月实际完成产值低于计划的 90%（含 90%），业主扣留 3% 的工程款，扣留的工程

款为:360×3% =10.8(万元)

4 月实际结算的工程款:360−10.8−10.8 =338.4(万元)

5 月扣留的质量保证金:410×3% =12.3(万元)

5 月扣回预付款:[(195+200+305+360+410)−1 360]×62.5% =68.75(万元)

5 月实际结算的工程款:410−12.3−68.75 =328.95(万元)

6 月扣留的质量保证金:415×3% =12.45(万元)

6 月扣回预付款:415×62.5% =259.375(万元)

6 月实际结算的工程款:415−12.45−259.375 =143.175(万元)

7 月扣留的质量保证金:115×3% =3.45(万元)

7 月扣回预付款:400−259.375−68.75 =71.875(万元)

7 月实际结算的工程款:115−3.45−71.875+10.8 =50.475(万元)

【例5.7】 工程价款结算(合同价、预付款、进度款、实际总造价、竣工结算款)。

某工程项目由 A,B,C,D 4 个分项工程组成,采用工程量清单招标确定中标人,合同工期为 5 个月。承包费用部分数据见表5.9。

表5.9 承包费用部分数据表

分部分项工程项目	计量单位	数量	综合单价
A	m³	5 000	50 元/m³
B	m³	750	400 元/m³
C	t	100	5 000 元/t
D	m³	1 500	350 元/m³
措施项目费用	元	100 000	
其中:总价措施项目费用	元	60 000	
单价措施项目费用	元	40 000	
暂列金额	元	120 000	

合同中有关工程款支付条款如下:

(1)开工前发包方向承包方支付合同价(扣除措施项目费用和暂列金额)的 15% 作为材料预付款。预付款从工程开工后的第 2 个月开始分 3 个月均摊抵扣。

(2)工程进度款按月结算,发包方按每次承包方应得工程款的 90% 支付。

(3)总价措施项目工程款在开工前与材料预付款同期支付;单价措施项目在开工后前 4 个月平均支付。

(4)分项工程累计实际工程量增加(或减少)超过计划工程量的 15% 时,其综合单价调整系数为 0.95(或 1.05)。

(5)承包方报价管理费率取 10%(以人工费、材料费、机械费之和为基数),利润率取 7%(以人工费、材料费、机械费和管理费之和为基数)。

(6)规费费率和增值税税率合计(简称"规税率")为 16%(以不含规费、税金的人工、材料、机械费、管理费和利润为基数)。

(7)竣工结算时,发包方按总造价的3%扣留工程质量保证金。

各月计划和实际完成工程量见表5.10。

表 5.10 各月计划和实际完成工程量

分项工程		第 1 月	第 2 月	第 3 月	第 4 月	第 5 月
A	计划/m³	2 500	2 500			
	实际/m³	2 800	2 500			
B	计划/m³		375	375		
	实际/m³		430	450		
C	计划/t			50	50	
	实际/t			50	60	
D	计划/m³				750	750
	实际/m³				750	750

施工过程中,4 月份发生了如下事件:

(1)发包方确认某临时工程需人工 50 工日,综合单价 90 元/工日;某种材料 120 m²,综合单价 100 元/m²;

(2)由于设计变更,经发包方确认的人工费、材料费、机械费共计 30 000 元。

问题:

(1)工程签约合同价为多少元?

(2)开工前发包方应拨付的材料预付款和总价措施项目工程款为多少元?

(3)1 至 4 月发包方应拨付的工程进度款分别为多少元?

(4)填写第 4 月的"进度款支付申请(核准)表"。

(5)5 月份办理竣工结算,工程实际总造价和竣工结算款分别为多少元?

【解】 问题(1):

分项工程费用:5 000×50+750×400+100×5 000+1 500×350＝1 575 000(元)

签约合同价:(1 575 000+100 000+120 000)×(1+16%)＝2 082 200(元)

问题(2):

应拨付材料预付款:1 575 000×(1+16%)×15%＝274 050(元)

应拨付措施项目工程款:60 000×(1+16%)×90%＝62 640(元)

问题(3):

①第 1 月:

承包方完成工程款:(2 800×50+40 000÷4)×(1+16%)＝174 000(元)

发包方应拨付工程款:174 000×90%＝156 600(元)

②第 2 月:

A 分项工程累计完成工程量:2 800+2 500＝5 300(m³)

超过计划完成工程量百分比:(5 300−5 000)÷5 000＝6%<15%

承包方完成工程款:(2 500×50+430×400+40 000÷4)×(1+16%)=356 120(元)

发包方应拨付工程款:356 120×90%−274 050÷3=229 158(元)

③第3月:

B分项工程累计完成工程量:430+450=880(m³)

超过计划完成工程量百分比:(880−750)/750=17.33%>15%

超过15%以上部分工程量:880−750×(1+15%)=17.5(m³)

超过15%以上部分工程量的结算综合单价:400×0.95=380(元/m³)

B分项工程款:[17.5×380+(450−17.5)×400]×(1+16%)=208 394(元)

C分项工程款:50×5 000×(1+16%)=290 000(元)

单价措施项目工程款:40 000÷4×(1+16%)=11 600(元)

承包方完成工程款:208 394+290 000+11 600=509 994(元)

发包方应拨付工程款:509 994×90%−274 050÷3=367 645(元)

④第4月:

C分项工程累计完成工程量:50+60=110(t)

超过计划完成工程量百分比:(110−100)÷100=10%<15%

分项工程款:(60×5 000+750×350)×(1+16%)=652 500(元)

单价措施项目工程款:40 000÷4×(1+16%)=11 600(元)

计日工工程款:(50×90+120×100)×(1+16%)=19 140(元)

设计变更工程款:30 000×(1+10%)×(1+7%)×(1+16%)=40 960(元)

承包方完成工程款:652 500+11 600+19 140+40 960=724 200(元)

发包方应拨付工程款:724 200×90%−27 405÷3=560 430(元)

问题(4):第4月的"进度款支付申请(核准)表",见表5.11。

表5.11 进度款支付申请(核准)表

工程名称:×××　　　　　　　　标段:×××　　　　　　　　编号:×××

致:×××(发包人全称)

　　我方于4月1日至4月30日期间已完成分项工程C(工程量60 t)、分项工程D(工程量750 m²)和单价措施项目(工程款11 600元)、计日工(工程款19 140元)等工作,根据施工合同的约定,现申请支付本月的工程价款为(大写)伍拾陆万零肆佰叁拾元,(小写)560 430元整,请予核准。

序号	名称	实际金额/元	申请金额/元	复核金额/元	备注
1	截至3月末累计已完成的合同价款	1 109 714			包括措施项目工程款
2	截至3月末累计已实际支付的合同价款	1 090 093			包括材料预付款
3	4月合计完成的合同价款	724 200			

续表

序号	名称	实际金额/元	申请金额/元	复核金额/元	备注
3.1	4月已完成分部分项与单价措施项目的金额	664 100			
3.2	4月应支付的总价措施项目的金额	0			
3.3	4月已完成的计日工价款	19 140			
3.4	4月应支付的安全文明施工费	0			
3.5	4月增加的设计变更合同价款	40 960			
4	4月合计应扣减的金额	163 770			
4.1	4月应抵扣的预付款	91 350			
4.2	4月应扣减的金额	72 420			10%工程款
5	4月应支付的合同价款	560 430	560 430		90%工程款

附:上述3、4详见附件清单。

承包人(章)

造价人员×××　承包人代表×××　日期×××

复核意见:

□与实际施工情况不相符,修改意见见附件。

□与实际施工情况相符,具体金额由造价工程师复核。

监理工程师_____

日期_____

复核意见:

你方提出的支付申请经复核,本月已完成合同款额为(大写)_____元,(小写)_____元,本月应支付金额为(大写)_____元,(小写)_____元。

造价工程师_____

日期_____

审核意见:

□不同意。

□同意,支付时间为本表签发后的15天内。

发包人(章)

发包人代表_____

日期_____

注:1.在选择栏中的"□"内作标识。

2.本表一式4份,由承包人填报,发包人、监理人、造价咨询人、承包人各存一份。

问题(5):

①第5月承包方完成工程款:
$$350\times750\times(1+16\%)=304\,500(元)$$

②工程实际总造价:
$$62\,640/90\%+174\,000+356\,120+509\,994+724\,200+304\,500=2\,138\,414(元)$$

③竣工结算款:

$2\,138\,414\times(1-3\%)-(274\,050+62\,640+156\,600+229\,158+367\,645+560\,430)=423\,739(元)$

【例5.8】新增固定资产价值。

某实业集团在某经开区新建一个分公司,2018年已完工的建设项目为一栋综合性大楼,建筑面积约为4 000 m^2,其中A区为综合办公楼,B区为研发中心,大楼外立面以玻璃幕墙为主,大楼内部设置控制中心,大楼整体采用智能系统,如综合管理监控系统、视频会议系统、门禁系统、能耗监测系统等。项目建设期2年,建设投资全部形成固定资产,合同约定缺陷责任期为1年。

该建设项目及其研发中心的建筑工程费、安装工程费、需安装设备费以及应分摊费用见表5.12。

表5.12 分摊费用计算表 单位:万元

项目名称	建筑工程费	安装工程费	需安装设备费	建设单位管理费	土地征用费	建筑设计费	工程勘察费
建设项目竣工决算	8 200	5 100	2 000	220	510	115	55
研发中心竣工决算	3 000	2 200	1 360				

问题:

(1)请计算该建设项目研发中心的新增固定资产价值。(结果保留两位小数)

(2)新增资产可划分为哪些资产?请分别描述这些资产的含义。

(3)确定新增固定资产的价值有何作用?

【解】 问题(1):

应分摊的建设单位管理费:$\dfrac{3\,000+2\,200+1\,360}{8\,200+5\,100+2\,000}\times220=94.33(万元)$

应分摊的土地征用费:$\dfrac{3\,000}{8\,200}\times510=186.59(万元)$

应分摊的建筑设计费:$\dfrac{3\,000}{8\,200}\times115=42.07(万元)$

应分摊的工程勘察费:$\dfrac{3\,000}{8\,200}\times55=20.12(万元)$

则研发中心的新增固定资产价值为:

$(3\,000+2\,200+1\,360)+(94.33+186.59+42.07+20.12)=6\,560+343.11=6\,903.11(万元)$

问题(2):新增资产可划分为固定资产、流动资产、无形资产和其他资产。

固定资产是指使用期限超过一年,单位价值在规定标准以上(如 1 000 元或 1 500 元或 2 000 元以上),并且在使用过程中保持原有实物形态的资产,主要有房屋及建筑物、机电设备、运输设备等。

流动资产是指可以在一年内或者超过一年的营业周期内变现或者耗用的资产。流动资产按资产的占用形态可分为现金、存货、银行存款、短期投资、应收账款及预付账款。

无形资产是指特定主体所控制的,不具有实物形态,对生产经营长期发挥作用且能带来经济利益的资源,主要有专利权、非专利技术权、商标权、商誉权等。

其他资产是指具有专门用途,但不参加生产经营的经国家批准的特种物资,如银行冻结存款和冻结物资、涉及诉讼的财产等。

问题(3):

确定新增固定资产价值的作用有:

①能够如实反映企业固定资产价值的增减情况,确保核算的统一性、准确性;

②反映一定范围内固定资产的规模与生产速度;

③核算企业固定资产占用金额的主要参考指标;

④正确计提固定资产折旧的重要依据;

⑤分析国民经济各部门技术构成、资本有机构成变化的重要资料。

练习题

1.单选题

(1)某土方工程按照签订合同时的价格计算工程价款是 100 万元,该合同的固定要素比重是 25% ,人工费价格指数增加 10% ,人工费占调值部分的 60% ,其余调值要素没有变动,则按照调值公式法计算该土方工程的实际结算款是(   )万元。

A.110　　　　　B.100　　　　　C.104.5　　　　　D.103

(2)某工程工期为 3 个月,2022 年 5 月 1 日开工,5—7 月份计划完成工程量分别为500 t,2 000 t,1 500 t,计划单价为 5 000 元/t;实际完成工程量分别为 400 t,1 600 t,2 000 t,5—7 月份实际价格均为 4 000 元/t。则 6 月末的投资偏差为(   )万元。

A.450　　　　　B.-450　　　　　C.-200　　　　　D.200

(3)某独立土方工程,招标文件中估计工程量为 100 万 m^3,合同约定:工程款按月支付,同时在该款项中扣留 5% 的工程预付款;土方工程为全费用单价,每立方米 10 元,当实际工程量超过估计工程量的 10% 时,超过部分调整单价,每立方米为 9 元。某月施工单位完成土方工程量 25 万 m^3,截至该月累计完成的工程量为 120 万 m^3,该月应结工程款为(   )万元。

A.240　　　　　B.237.5　　　　　C.228　　　　　D.213

(4)当年开工但当年不能竣工的工程按照工程形象进度划分不同阶段支付工程进度款,这种结算方法属于(   )。

A.按月结算　　　　　　　　B.竣工后一次结算

C.分段结算　　　　　　　　D.目标结算

(5)工程预付款的起扣点表示( )时的累计完成工作量金额。

A.未施工工程尚需的主要材料及构件的价值相当于预付款数额

B.已施工工程消耗的主要材料及构件的价值相当于预付款数额

C.未施工工程尚需的工程款相当于预付款数额

D.已施工工程消耗的工程款相当于预付款数额

(6)某建设项目业主与施工单位签订了可调价合同。合同中约定:主导施工机械一台为施工单位自有设备,台班单价为800元/台班,折旧费为100元/台班,人工日工资单价为40元/工日,窝工费为10元/工日。合同履行中,因场外停电全场停工2天,造成人员窝工20个工日;因业主指令增加一项新工作,完成该工作需要5天,机械需要5台班,人工需要20个工日,材料费5 000元,则施工单位可以向业主提出直接费补偿额为( )元。

A.10 600 B.10 200 C.11 600 D.12 200

(7)某土方工程业主与施工单位签订了土方施工合同,合同约定的土方工程量为8 000 m³,合同工期为16天。合同约定:工程量增加20%以内为施工方应承担的工期风险。挖运工程中,因出现较深的软弱下卧层,致使土方量增加了10 200 m³,则施工方可提出的工期索赔为( )天。(结果四舍五入取整)

A.1 B.4 C.17 D.14

(8)合同履行过程中,业主要求保护施工现场的一棵古树。为此,承包商一台自有塔吊累计停工2天,后又因工程师指令增加新的工作,需增加塔吊2个台班,台班单价为1 000元/台班,折旧费为200元/台班,则承包商可提出的直接费补偿额为( )。

A.2 000元 B.2 400元 C.4 000元 D.4 800元

(9)某工程项目合同价为2 000万元,合同工期为20个月,后因增建该项目的附属配套工程需增加工程费用160万元,则承包商可提出的工期索赔为( )。

A.0.8个月 B.1.2个月 C.1.6个月 D.1.8个月

(10)因以下原因造成工期延误,经监理工程师确认,可以顺延工期的是( )。

A.混凝土浇筑时连续一周的低温阴雨

B.因设计变更使工程量缩减

C.两周内非承包人原因停水、停电、停气造成停工累计超过8个小时

D.不可抗力事件

(11)工程项目发包人供应的材料进入施工现场,经承包人点验后使用,事后发现该材料有质量问题,应由( )。

A.发包人承担重新采购及拆除重建的追加合同价款,并相应顺延由此延误的工期

B.承包人承担重新采购及拆除重建的有关费用,工期不予顺延

C.发包人承担重新采购及拆除重建所发生的费用,工期不予顺延

D.承包人承担重新采购及拆除重建的有关费用,可以顺延由此延误的工期

(12)某基础工程隐蔽前已经监理工程师验收合格,在主体结构施工时因墙体开裂,对基础重新检验发现部分部位存在施工质量问题,则对重新检验的费用和工期的处理表达正确的是( )。

A.费用由监理工程师承担,工期由承包方承担

B.费用由承包方承担,工期由发包方承担

C.费用由承包方承担,工期由承发包双方协商

D.费用和工期均由承包方承担

(13)若某工程至 6 月末的拟完工程量为 2 000 m³,计划单价为 400 元/m³,而实际工程量为 1 900 m³,实际单价为 450 元/m³,则该工程 6 月末的进度偏差为(　　)。

　　A.5%　　　　　　B.−5%　　　　　　C.4 万元　　　　　　D.−4 万元

(14)某工程合同价为 100 万元,合同约定:采用调值公式进行动态结算,其中固定要素比重为 0.2,调价要素分为 A,B,C 三类,分别占调值部分的 0.25,0.45,0.3,结算时价格指数分别涨了 20%,15%,25%,则该工程实际结算款额为(　　)万元。

　　A.120　　　　　　B.119.25　　　　　　C.139.25　　　　　　D.115.4

(15)关于工程预付款及计算,下列描述正确的是(　　)。

　　A.发包人应于双方签订合同后 7 天内预付工程款

　　B.工程预付款构成施工企业为该承包工程项目储备主要材料、结构件所需的流动资金

　　C.发包人预付工程款的前提是承包人提交了金额等于预付款数额的银行保函

　　D.工程预付款仅用于承包人支付施工开始时与本工程有关的动员费用

(16)某工程施工中由于监理工程师指令错误,使承包商的工人窝工 40 工日,自有施工机械窝工 2 个台班,同时增加配合用工 20 个工日,机械 3 个台班,合同约定人工单价为 30 元/工日,机械台班单价为 360 元/台班,人员窝工补贴费为 12 元/工日,机械台班折旧费为 150 元/台班,含税的综合税率为 17%。承包商可得该项索赔为(　　)元。

　　A.2 878.2　　　　　　B.2 460　　　　　　C.2 745.6　　　　　　D.2 592.6

(17)我国住房和城乡建设部规定,工程项目总造价中,应预留(　　)的尾留款作为质量保修费用,待工程项目保修期结束后最后拨付。

　　A.3%　　　　　　B.5%　　　　　　C.10%　　　　　　D.15%

(18)对共同费用进行分摊时,土地征用费按照(　　)比例分摊。

　　A.工程费用　　　　　　　　　　B.建筑工程造价

　　C.建筑安装工程费用　　　　　　D.工程费用+基本预备费

(19)业主参与全部工程竣工的验收分为(　　)。

　　A.初验、预验和正式验收

　　B.单位工程验收、单项工程验收和正式验收

　　C.验收准备、预验收和正式验收

　　D.现场验收、交工验收和正式验收

(20)按照财务制度和企业会计准则,新增固定资产价值的计算对象为(　　)。

　　A.分部工程　　　　　　　　　　B.单位工程

　　C.单项工程　　　　　　　　　　D.建设项目

(21)下列属于无形资产的是(　　)。

　　A.建设单位开办费　　　　　　　B.长期待摊投资

　　C.土地使用权　　　　　　　　　D.短期待摊投资

(22)某工业项目及其总装车间的各项费用见表5.13,则总装车间分摊的建设单位管理费为(　　)万元,总装车间应分摊的土地使用费为(　　)万元,总装车间应分摊的勘察设计费为(　　)万元。

A.18.67,30.42,11.67　　　　　　B.18.29,32.27,10.71

C.17.14,35.00,11.43　　　　　　D.17.21,35.00,11.67

表5.13　某工业项目及其总装车间的各项费用表　　　　　单位:万元

项目名称	建筑工程	安装工程	需安装设备	不需安装设备	建设项目管理费	土地征用费	工艺设计费
建设单位竣工决算	1 500	600	1 200	200	80	150	50
总装车间竣工决算	350	120	240	40			

2. 多选题

(1)《建设工程施工合同(示范文本)》(GF-2017-0201)中规定的工程变更的程序和变更后合同价款的确定,下列说法正确的是(　　)。

A.变更工程的施工顺序和质量属于设计变更

B.任何部分标高、尺寸、位置的变更属于设计变更

C.变更工程价款的报告由工程师提出

D.当变更发生后,合同中没有适用或类似于变更工程的价格,由合同双方协商确定

E.当变更发生后,合同中已有适用于变更工程的价格,按合同已有的价格计算、变更合同价格

(2)下列变更事件属于设计变更的是(　　)。

A.更改有关部分的基线

B.环境变化导致施工机械和材料变化

C.要求提前工期导致的施工机械和材料变化

D.强制性标准发生变化,从而要求提高工程质量

E.增减合同中约定的工程量

(3)下列原因造成的工期延误,经工程师确认,工期可以相应顺延的有(　　)。

A.不可抗力事件

B.设计变更

C.发包人未能按专用条款约定提供开工条件

D.工程量增加

E.一周内非承包人原因停水、停电造成最长一次停工时间为8小时

(4)建设项目竣工决算的内容包括(　　)。

A.竣工财务决算报表　　　　　　B.竣工决算报告情况说明书

C.投标报价书　　　　　　　　　D.新增资产价值的确定

E.工程造价比较分析

3. 案例题

(1)某混凝土工程,招标清单工程量为 100 m³,合同中规定:混凝土全费用综合单价为 700 元/m³,当实际工程量超过(或低于)清单工程量的 15% 时,调整单价,调整系数为 0.9(或 1.1)。

问题:

①如实际施工时监理工程师签证的混凝土工程量为 120 m³,则混凝土工程款为多少万元?

②如实际施工时监理工程师签证的混凝土工程量为 80 m³,则混凝土工程款为多少万元?

③如实际施工时监理工程师签证的混凝土工程量为 90 m³,则混凝土工程款为多少万元?

④如实际施工时监理工程师签证的混凝土工程量为 110 m³,则混凝土工程款为多少万元?

(2)某新建住宅楼工程,建筑面积为 43 200 m²,框架结构。建设单位自行编制了招标工程量清单等招标文件,最高投标限价为 25 000 万元。工期自 2021 年 7 月 1 日起至 2022 年 9 月 30 日止,工期为 15 个月。某施工单位最终以 23 500 万元中标,双方签订了工程施工总承包合同,并上报建设行政主管部门。

施工过程中,建设单位设计变更,原一层公共区域地面装修做法由水泥砂浆地面变更为石材地面,该地面清单量为 1 200 m²,因招标工程量清单中没有类似项目,于是造价师按照市场价格体系重新组价,综合单价为 1 200 元/m²。

问题:

①该项目的报价浮动率为多少?

②依据投标报价浮动率原则,该石材的综合单价应调整为多少?

(3)某建筑公司(乙方)于某年 4 月 20 日与某厂(甲方)签订了建筑面积为 3 000 m² 工业厂房的施工合同,乙方编制的施工方案和进度计划已获监理工程师批准。该工程的基坑开挖土方量为 4 500 m³,假设人工工日单价为 23 元/工日,直接费单价为 4.2 元/m³,综合费率为直接费的 20%。该基坑施工方案规定:土方工程采用一台斗容量为 1 m³ 的反铲挖掘机施工,租赁费为 450 元/台班。合同约定 5 月 11 日开工,5 月 20 日完工。在实际施工中发生了如下事件:

事件 1:因租赁的挖掘机大修,晚开工 2 天,造成人员窝工 10 个工日;

事件 2:施工过程中,因遇软土层,接到监理工程师的 5 月 15 日停工指令,进行地质复查,配合用工 15 个工日;

事件 3:5 月 19 日接到监理工程师的 5 月 20 日复工指令,同时提出基坑开挖深度加深 2 m 的设计变更通知,由此增加土方开挖量 900 m³;

事件 4:5 月 20 日至 22 日,因罕见大雨迫使基坑开挖暂停,造成人员窝工 10 个工日。

问题:这些事件有哪些不妥的地方? 承包商能获得的工期和费用补偿分别是多少?

(4)某工程项目采用单价施工合同。招标文件中提供的用砂地点距工地 4 000 m。但是开工后,检查该砂质量不符合要求,承包商只得从另一距工地 20 km 的供砂地点采购。另

外,在一个关键工作面上又发生了以下临时停工事件:

事件1:5月20日至26日承包商的施工设备出现了从未出现过的故障;

事件2:应于5月24日交给承包商的后续图纸直到6月10日(早上)才交给承包商;

事件3:6月7日至12日施工现场下了罕见的特大暴雨;

事件4:6月11日至14日该地区的供电全面中断。

问题:

①承包商的索赔要求成立的条件是什么?

②由于供砂距离的增大,必然引起费用的增加,承包商经过认真计算后,在业主指令下达的第3天,向业主提交了将原用砂单价每1 m³提高5元的索赔要求。该索赔要求是否成立? 为什么?

③若承包商对因业主原因造成的窝工损失进行索赔时,要求设备窝工损失按台班价格计算,人工的窝工损失按日工资标准计算,请问是否合理? 如不合理应怎样计算?

④承包商按规定的索赔程序针对上述4项临时停工事件向业主提出索赔,试说明每项事件工期和费用索赔能否成立? 为什么?

⑤试计算承包商应得到的工期和费用索赔是多少? (如果费用索赔成立,则业主按2万元/天补偿给承包商)

⑥在业主支付给承包商的工程进度款中是否应扣除因设备故障引起的竣工延期违约赔偿金? 为什么?

(5)某施工单位(乙方)与某建设单位(甲方)签订了建造无线电发射试验基地的施工合同。合同工期为38天。该项目急于投入使用,合同中规定工期每提前(或拖后)1天奖励(或罚款)5 000元。乙方按时提交了施工方案和施工网络进度计划(图5.10),并得到了甲方代表的批准。

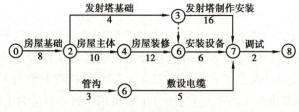

图5.10 施工网络进度计划

问题:

①在上述事件中,乙方可以就哪些事件向甲方提出工期补偿和费用补偿? 为什么?

②该工程的实际施工天数为多少天? 可得到的工期补偿为多少天? 工期奖罚款为多少?

③假设工程所在地人工费标准为30元/工日,应由甲方给予补偿的窝工人工费的补偿标准为18元/工日,该工程综合取费率为直接费的30%,人员窝工综合取费为窝工人工费的25%。则在该工程结算时,乙方应得到的索赔款为多少?

(6)已知某单项工程预付款为150万元,主要材料在合同价款中所占比重为75%,若该工程合同总价为1 000万元,各月完成工程量见表5.14,则预付款应从第几个月起扣? 每个月扣多少?

表 5.14　各月完成工程量及合同价

月份	1	2	3	4	5
工程量/m³	500	1 000	1 500	1 500	500
合同价/万元	100	200	300	300	100

(7)某建安工程施工合同,合同总价为 6 000 万元,合同工期为 6 个月,合同签订日期为 1 月初,从当年 2 月份开始施工。各月实际产值见表 5.15。

表 5.15　各月产值表　　　　　　　　　　　　　　资金单位:万元

月份	2	3	4	5	6	7
实际产值	1 000	1 200	1 200	1 200	800	600

合同规定:

①预付款按合同价的 20% 支付,支付预付款及进度款达到合同价的 40% 时开始抵扣预付工程款,从下个月起每个月平均扣回。

②保修金按工程预算款的 5% 扣留,从第一个月开始按各月结算工程款的 10% 扣留,扣完为止。

③工程提前 1 天奖励 10 000 元,推迟 1 天罚款 20 000 元。

④合同规定,当物价比签订合同时上涨≥5% 时,依当月应结价款的实际上涨幅度按如下公式调整,各月造价指数见表 5.16。

$$P = P_0 \times (0.15A/A_0 + 0.60B/B_0 + 0.25)$$

其中,0.15 为人工费在合同总价中的比重,0.60 为材料费在合同总价中的比重。

单项上涨小于 5% 者不予调整,其他情况均不予调整。

表 5.16　各月造价指数

月份	1	2	3	4	5	6	7
人工	110	110	110	115	115	120	110
材料	130	135	135	135	140	130	130

工程如期开工后,在施工过程中发生了以下事件:

事件 1:4 月份赶上雨期施工,由于采取防雨措施,造成施工单位费用增加 2 万元;中途机械发生故障检修,延误工期 1 天,费用损失 1 万元。

事件 2:5 月份由于公网(由国家电网或南方电网供电的电网)连续停电 2 天,造成停工,使施工单位损失 3 万元。

事件 3:6 月份由于业主设计变更,造成施工单位返工,施工单位损失 5 万元,延误工期 2 天,且又停工待图 15 天,窝工损失 6 万元。

事件 4:为赶工期,施工单位采取赶工措施,赶工措施费 5 万元,赶工使工程不仅未拖延,还比合同工期提前 10 天完成。

事件5:假定以上损失工期均在关键线路上,索赔费用可在当月付款中结清。

问题:请计算各月应结算的工程价款。

(8)某工程计划进度与实际进度如图5.11所示。表中粗实线表示计划进度(进度线上方的数据为每周计划投资),粗虚线表示实际进度(进度线上方的数据为每周实际投资),假定各分项工程每周计划进度与实际进度均为匀速进度,而且各分项工程实际完成总工程量与计划完成总工程量相等。

分项工程	进度计划/周											
	1	2	3	4	5	6	7	8	9	10	11	12
A	5 5 5											
	5 5 5											
B		4 4 4 4 4										
		4 4 4 3 3										
C				9 9 9 9								
				9 8 7 7							
D						5 5 5 5						
						4 4 4 5 5					
E								3 3 3				
								3 3 3			

图5.11 某工程计划进度与实际进度(资金单位:万元)

问题:

①计算每周投资数据,并将结果填入表5.17中。

②分析第6周末和第10周末的投资偏差和进度偏差。

表5.17 某工程投资数据表

项目	投资进度/周											
	1	2	3	4	5	6	7	8	9	10	11	12
每周拟完工程计划投资												
拟完工程计划投资累计												
每周已完工程实际投资												
已完工程实际投资累计												
每周已完工程计划投资												
已完工程计划投资累计												

(9)某工程的时标网络计划如图5.12所示。工程进展到第5、第10和第15个月底时,分别检查了工程进度,相应地绘制了3条实际进度前锋线,如图中的点画线所示。

问题:

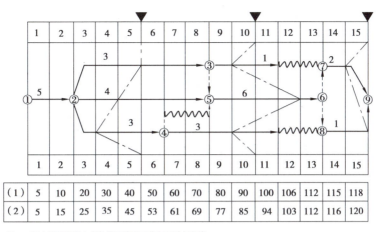

	1	2	3	4	5	6	7	8	9	10	11	12	13	14	15
(1)	5	10	20	30	40	50	60	70	80	90	100	106	112	115	118
(2)	5	15	25	35	45	53	61	69	77	85	94	103	112	116	120

注：1.图中每根箭线上方数值为该项工作每月计划投资；
　　2.图下方格内(1)栏数值为该工程计划投资累计值，(2)栏数值为该工程已完工程实际投资累计值。

图 5.12   某工程时标网络计划（单位：月）**和投资数据**（单位：万元）

①分别计算第 5 和第 10 个月底的已完工程计划投资（累计值）。

②分析第 5 和第 10 个月底的投资偏差。

③试用投资概念分析进度偏差。

④根据第 5 和第 10 个月底实际进度前锋线分析工程进度情况。

⑤第 15 个月底检查时，工作⑦→⑨因为特殊恶劣天气造成工期拖延 1 个月，施工单位损失 3 万元。因此，施工单位提出工期延长 1 个月和费用索赔 3 万元的索赔要求。问：造价工程师应批准工期、费用索赔为多少？为什么？

（10）某厂房建设场地原为农田。按设计要求，在厂房建造时，厂房地坪范围内的耕植土应清除，基础必须埋在稳定土层下 200 mm 处。为此，业主在"三通一平"阶段就委托土方施工公司清除了耕植土并用好土回填压实至一定设计标高，故在施工招标文件中指出，施工单位无需再考虑清除耕植土问题。然而，开工后，施工单位在开挖基坑（槽）时发现，相当一部分基础开挖深度虽已达设计标高，仍未见稳定土，且在基础和场地范围内仍有一部分深层的耕植土和池塘淤泥等必须清除，基础开挖必须加深加大。为此，承包商要求作变更处理。

问题：

①承包商提出的要求是否合理？为什么？

②对承包商提出的变更价格的合理性，可按哪些原则审核？

③对合同中未规定的承包商义务，但又是合同实施过程中必须进行的工作，应如何处理？

（11）某建筑公司（乙方）于某年 4 月 20 日与某厂（甲方）签订了修建建筑面积 3 000 m² 工业厂房的施工合同，乙方编制的施工方案和进度计划已获得监理工程师批准。该工程的基坑开挖土方量为 4 500 m³，假设人工工日单价为 23 元/工日，直接费单价为 4.2 元/m³，综合费率为直接工程费的 30%。人工和机械窝工补偿综合税费（包括部分管理费和规费、税金）为直接工程费的 20%。该基坑施工方案规定：土方工程采用租赁一台斗容量为 1 m³ 的反铲挖掘机施工（租赁费为 450 元/台班）。甲、乙双方合同约定 5 月 11 日开工，5 月 20 日完工。在实际施工中发生了如下几项事件：

①因租赁的挖掘机大修,晚开工 2 d,造成人员窝工 10 个工日;

②施工过程中,因遇软土层,接到监理工程师 5 月 15 日停工的指令,进行地质复查,配合用工 15 个工日;

③5 月 19 日接到监理工程师于 5 月 20 日复工令,同时提出基坑开挖深度加深 2 m 的设计变更通知,由此增加土方开挖量 900 m³;

④5 月 20—22 日,因罕见大雨迫使基坑开挖暂停,造成人员窝工 10 个工日;

问题:乙方可向甲方索赔多少工期? 多少费用?

参考文献

[1]王凯.建设工程造价案例分析[M].北京:清华大学出版社,2015.

[2]李军.工程造价案例分析[M].北京:清华大学出版社,2019.

[3]甄凤.工程造价案例分析[M].北京:北京大学出版社,2013.

[4]迟晓明.工程造价案例分析[M].2版.北京:机械工业出版社,2013.

[5]伍娇娇,张晓波,吴洋.工程造价案例分析[M].武汉:武汉大学出版社,2018.